弱监督视觉目标检测

叶齐祥 万 方 著

科学出版社

北 京

内 容 简 介

本书阐述弱监督目标检测的建模理论、优化方法和实际应用，主要内容包括弱监督目标检测的任务定义、现有弱监督目标检测算法简介和问题呈现、最小熵隐变量模型方法的建模、连续优化多示例学习方法和弱监督目标检测算法在 X 射线安检场景中的应用。其中的主要问题包括弱监督目标检测的定位稳定性建模、弱监督学习的非凸优化方法，以及弱监督学习在实际应用场景中的部署等。

本书可作为信息处理专业本科生与研究生的教学用书，也可供计算机视觉、机器学习等相关领域的科研人员参考。

图书在版编目（CIP）数据

弱监督视觉目标检测 / 叶齐祥，万方著. —北京：科学出版社，2023.8
ISBN 978-7-03-072118-1

Ⅰ．①弱⋯ Ⅱ．①叶⋯②万⋯ Ⅲ．①计算机视觉–研究
Ⅳ．①TP302.7

中国版本图书馆 CIP 数据核字（2022）第 065831 号

责任编辑：张艳芬 魏英杰/ 责任校对：崔向琳
责任印制：吴兆东 / 封面设计：陈 敬

科 学 出 版 社 出版
北京东黄城根北街 16 号
邮政编码：100717
http://www.sciencep.com

北京科印技术咨询服务有限公司数码印刷分部印刷
科学出版社发行 各地新华书店经销
*
2023 年 8 月第 一 版 开本：720×1000 1/16
2024 年 1 月第二次印刷 印张：7
字数：127 000
定价：**118.00 元**

（如有印装质量问题，我社负责调换）

前　言

目标检测旨在从图像中定位待检测目标并辨识其类别，是计算机视觉领域中最基本和最具挑战性的问题之一。在深度学习时代，考虑模型包含大量待学习参数，现有的目标检测算法在训练过程中需要大量精确标注样本。面对形态复杂、种类繁多的视觉场景时，标注训练样本通常需要付出大量人工劳动。

弱监督目标检测算法使用图像级标注代替样本框的标注，从而显著降低人工标注工作量。在弱监督设定下，互联网上存在大量带有图像级标号的样本可以用于目标检测模型，实现"网络监督"目标检测建模，显著降低训练数据标注的成本。

典型的弱监督目标检测框架有三个组成部分，即候选框生成、弱监督目标定位与检测器学习。其中，候选框生成是保证目标检测查全率的前提，弱监督目标定位是弱监督学习的核心，检测器学习最终保证目标检测的效果和精度。

本书首先通过实验观察到传统弱监督目标定位学习中的两个问题，即定位过程具有很强的随机性，定位容易受到目标部件干扰；通过理论分析确定这些实验现象背后的原理在于模型的非凸性。基于实验观察与理论分析，提出最小熵隐变量模型、渐进示例学习方法和弱监督 X 光图像违禁品定位算法，从模型构建、模型优化、方法应用三方面系统地研究弱监督视觉目标建模的科学问题。为了更直观表达，本书提供了部分彩图，读者可自行扫描封底的二维码查阅。

本书的主要贡献如下。

(1) 提出最小熵隐变量模型。该模型利用最小熵对训练过程中目标定位的随机性进行建模，通过降低目标定位熵，降低训练过程中目标定位的随机性，可以显著提升模型的定位精度。

(2) 提出渐进多示例学习模型。隐变量模型的非凸性使传统的弱监督目标检测算法容易陷入局部最优，从而错误地定位到背景或者目标局部。本书将渐进优化的方法引入示例学习的框架，创造性地提出渐进多示例学习方法用于解决非凸优化这一科学难题。

(3) 提出弱监督 X 光图像违禁品定位算法框架。针对 X 光安检场合中违禁品正反例样本比例失衡问题,提出弱监督 X 光图像违禁品类平衡分类算法,结合建模和优化将弱监督建模方法推广到实际应用场景。

本书的研究成果表明,通过降低定位随机性、缓解隐变量学习的非凸性能够解决弱监督学习的本质问题,显著提升弱监督目标检测的性能。本书涉及的算法框架、渐进优化方法、弱监督目标定位算法开拓视觉目标检测的新方向,为深度学习框架中的非凸优化问题、不完全标注下的模型估计与样本标注问题提供新思路。展望未来,本书的研究成果将为目标检测模型的自主进化提供坚实的理论基础。

本书的相关研究工作得到国家自然科学基金重点项目(61836012)、国家自然科学基金面上项目(61671427、62171431),以及华为技术有限公司课题的支持。本书是团队成果的集中体现,特别感谢苗彩敬、高伟做出的贡献!

限于作者水平,书中难免存在不妥之处,恳请各位读者批评指正。

作　者

目　　录

第1章 绪 论

1.1 研究背景与意义

目标检测是计算机视觉中最重要和最基础的任务之一，也是众多高层视觉任务，如活动或事件检测、行为理解和分析、场景识别和解析等的重要前提。目标检测方法的进步对推动计算机视觉和人工智能的发展具有重要的意义[1-5]。视觉目标检测任务不仅要判断给定的图像中是否存在感兴趣的目标、识别该目标所属的类别，还需要以矩形框的形式确定每个感兴趣目标的具体位置。

视觉目标检测的应用场景非常广泛，包括智能辅助驾驶、智能视频监控、机器人导航、工业检测、航空航天等。视觉目标检测应用示例如图 1.1 所示。目标检测在信息、控制与智能系统中的运用非常广泛，是构成智能视频监控、目标检索和机器人导航的核心技术。传统的目标检测任务主要包括目标示例检测(object instance detection)和目标类别检测(object class detection)[6]。目标示例检测任务要求识别并定位输入图像中已知的特定物体，例如检测图像中的某一只特定的猫。在该任务中，测试集中的目标和训练集中的目标是同一个目标在不同形态和环境下的成像，本质上是将测试图像中的目标与训练集合中的目标进行匹配。检测模型需要的成像条件包括光照与角度的变化等。目标类别检测任务更加关注检测目标的类别。该任务要求识别并定位感兴趣的目标，与目标示例检测的主要区别在于，训练样本集中的目标和待检测的目标样本不是同一个特定的目标，而是属于同一类别。相比之下，后者更具有挑战性，原因在于同一类别的目标在语义上虽然很接近，但是实际的物理特性，如颜色、纹理、形状可能会有非常大的差异。本书的研究内容属于目标类别检测这一任务，将其简称为目标检测。

(a) 自然图像行人检测

(b) 室内场景目标检测

(c) X射线违禁品检测

(d) 监控场景车辆检测

(e) 遥感图像飞机检测

(f) 自然场景目标检测

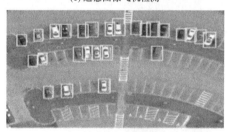

(g) 遥感图像车辆检测

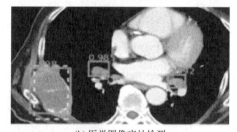

(h) 医学图像病灶检测

(i) 移动端目标检测

图 1.1　视觉目标检测应用示例

在过去的几十年中，大批研究人员投身目标检测的研究中，尝试并提出多种有效目标检测算法。这些算法主要基于机器学习方法，通过学习建立目标检测框架。其中，应用最为广泛的机器学习方法是监督学习。监督学习目标检测是指利用已知类别的训练样本集合，使检测器能够准确分类和定位测试集中未知的目标样本。在监督学习过程中，算法往往依赖人工给定的样本类别标注信息，同时检测任务还需要给出目标的具体位置。在训练分类和检测模型之前，人们需要对图像数据集中所有的目标样本进行标注。为了能够涵盖多视角、多姿态、多形态的目标，增强模型的学习效率和鲁棒性，监督学习目标建模过程往往需要大量精确的人工标注信息，如目标的类别和位置等。人工标注的过程往往十分复杂，并且耗时费力。相比之下，对于其他视觉任务，如图像分类、场景分类，标注者只需要对图像中的目标类别进行标注。

近年来，人工智能中的深度学习技术，如深度卷积神经网络、长短时记忆神经网络等在经典计算机视觉任务(如图像分类、物体检测等)中取得巨大的成功，极大地促进了计算机视觉的发展。但是，现有的深度模型对训练数据有很高的要求，为保证模型的性能，需要大量人工标注好的样本训练网络参数。同时，随着社会的持续发展，海量图像视频数据、城市安全监控数据(如 X-光安检图像)，一直在爆炸性地增长。其中，绝大部分数据都是没有标注的，对其进行人工标注的代价非常高昂，而且人工标注往往会因为标注者的疲劳和理解不同等原因，产生标注错误。如何从理论和应用的角度出发，设计新的学习模型，实现以下目标就成为学术界和工业界研究的热点。

(1) 从海量未标注的数据中挖掘有价值的视觉目标信息。

(2) 实现(极)弱监督下的特征与模型学习。

(3) 大幅度地提升模型的通用性和场景适应性。

认知科学领域的成果表明，人类能够在非常少量的样本或者先验信息(弱监督)驱动下获得物体认知能力。人类视觉认知呈现弱监督与自学习特性(图 1.2)。人类视觉认知机制能够通过自主学习不断增强认知能力。本书涉及的弱监督目标建模是指，只需要给出图像在是否包含待检测目标(图像级标注)的条件下，建立目标检测模型。

人类只需要极少的样本就可以学习到新的概念，而机器学习算法通常需要数百个样本才能达到同样的性能。

随着学习的进行，多个神经序列可从一个共同前体序列的生长和分解中形成。

图 1.2　人类视觉认知呈现弱监督与自学习特性

弱监督目标检测(weakly supervised object detection，WSOD)相比于监督目标检测而言，不需要对图像中的目标位置进行精确标注[7,8]。为了减少标注的工作量，弱监督学习(weakly supervised learning，WSL)往往需要让标注的量减少或者让标注变得更容易。比较典型的减少标注的方法主要有两种。第一种是采用半监督方法，只对一少部分样本进行标注，而不对其余的样本进行标注。第二种是对所有的样本进行弱监督标注。所谓弱监督标注即标注信息不完全，在标注的过程中只给出标注样本的部分监督信息，如类别信息；其他信息，如位置信息则需要通过先验或学习等途径获取。对于视觉目标检测任务而言，其标注的工作量主要集中在对图像中的目标位置进行标注，工作量往往非常大并且十分烦琐，导致标注的过程比较长、记录的数据比较复杂等，这给实际的标注工作带来很大负担。

本书采用上述第二种标注方法降低标注的工作量，去掉最烦琐的位置标注过程，只对每张图像进行弱监督标注。在标注的过程中，该标注方式实际只需给出图像中的类别标号。该标号表示在图像中是否存在待指定类别的目标，通过这种方式可以显著减少样本标注工作量。

弱监督目标检测算法能够以更少的人工标注代价扩展数据集，并利用大部分主流的图像分类数据集。由于对标注的要求较低，弱监督目标检测算法可以从网络中扩展数据，例如使用关键词在网络上搜集图像数据。这些特性可以增强弱监督对大规模数据集的利用效率。但是，由于标注信息相对于目标检测任务而言并不完整，因此如何学到好的检测模型非常具有挑战性。虽然有很多研究人员致力于解决该问题并提出很多相关方法，但是弱监督的目标检测算法与监督目标检测之间的性能差距仍然非常巨大。大数据时代的到来导致数据井喷式地增长，使得各类算法对弱监督标注的需求量越来越大。将弱监督算法投入实际使用变得越来越重要。

综上所述，弱监督视觉目标检测任务具有非常重要的科学研究意义与应用价值[9-11]。

1.2　研究现状与存在的问题

1.2.1　研究现状

弱监督图像目标检测框架主要包括三个步骤，即特征提取[12]、弱监督学习[13-19]和候选框的提取[20-31]。前两个步骤中的方法一般都是沿用监督目标检测中的方法。在弱监督学习算法中，传统方法包括聚类方法、隐变量学习算法和多示例学习算法。随着深度学习的兴起，传统的弱监督学习算法逐渐与深度学习结合，形成了端到端的弱监督目标检测方法。

下面首先介绍弱监督目标检测框架，然后介绍传统弱监督目标检测算法和基于深度学习的弱监督目标检测算法。

1. 弱监督目标检测框架

1) 候选框的提取

最早的候选框提取方法是扫窗(sliding window)方法[12]。该方法简单有效，具体的做法是，首先对图像做多尺度变换，形成图像金字塔；然后利用多个尺度、多个比例的窗口对图像金字塔中的每层采用自左向右、自上向下的逐像素扫描方式提取候选框，作为目标的定位候选框。该方法的优势在于，以多尺度和多比例的方式配合逐像素扫描，能够保证目标无论出现在图像中的哪个位置和尺度如何变化都能保证至少一个框定位到目标。也就是说，扫窗方法能够保证数据集中目标预定位的查全率(recall)。查全率定义为：定位的目标总数和数据集中目标总数的比值。拥有较高的查全率是目标检测的前提，也是目标检测的上限。如果查全率低，例如查全率只有 60%，那么无论后续的检测器检测能力有多强，目标检测的性能都不会超过 60%，另外 40%在检测器识别之前就丢失了。扫窗的方法可以极大地保证查全率，但是却有一个非常大的弊端，就是候选窗口过多。通常情况下，一张普通图像，例如像素为 500 × 375，能产生百万级数量的候选窗。检测器需要对每一个候选框进行分类，这会极大地增加计算复杂度，降低目标检测的效率。

为了在保证高目标查全率的同时尽可能地减少候选框的个数来提高检测效率，人们提出很多候选框提取算法，如选择搜索(selective search，SS)[20]、Bing[21]、多尺度轮廓聚类(muti-scale contour grouping，MCG)[22]、Rantalankila[23]、Edge Boxes[24]和最大稳定极值区域(maximally stable extremal region，MSER)[25]。这些方法生成候选框的过程不需要任何标注信息，只利用图像的纹理、边缘等底层信息生成候选框，最终产生约 2000 个候选框，而查全率也能达到 80%～90%。由于这类方法能够以 3～4 个数量级的规模减少候选框个数，因此极大地提升了检测效率，近年来受到越来越高的重视。本书使用的候选框是选择搜索和 Edge Boxes。在所有候选框算法中，这两种方法可以兼顾查全率高和候选框个数少的特性。

2) 特征提取

特征提取算法要求对不同尺寸的候选框输出相同维度的特征，以保证分类器的输入要求。此外，对候选框提取的特征应当尽量简洁，保留对分类有利的信息，去除冗余信息。对同一个类别的候选框而言，特征的距离应当尽可能接近，而不同类别候选框的特征应当尽可能远离。特征提取的结果直接决定其对目标的表示，是目标检测中非常关键的一环。

特征提取的算法可以分为两类，即手工设计特征和深度学习特征。在早期的机器学习中，特征提取算法主要采用手工设计的方式。早期的手工设计特征往往都是低层次的特征，如 Haar-like 特征[26]、方向梯度直方图(histogram of oriented gradient，HOG)特征[12]、局部二值模式(local binary pattern，LBP)[27]特征及其改进版 HOG-LBP[28]、尺度不变特征变换(scale-invariant feature transform，SIFT)[29]，以及上述方法的改进和组合。这些特征均为像素级特征，针对图像中的梯度、边缘和纹理特性等进行特征提取。但是，这些特征的表示能力往往比较低，对分类十分不利。因此，研究人员进一步提出一些更高层次的手工设计特征。这些特征往往是基于上述底

层特征设计的, 如可变部件模型(deformable parts model, DPM)是基于 HOG
特征、Fisher Vector 是基于 SIFT 特征。随着机器学习的兴起, 深度特征被
越来越多的研究人员采用, 如受限玻尔兹曼机(restricted Boltzmann machine,
RBM)[30]、卷积神经网络(convolutional neural network, CNN)[31,32]等特征。
手工设计特征示例如图 1.3 所示。

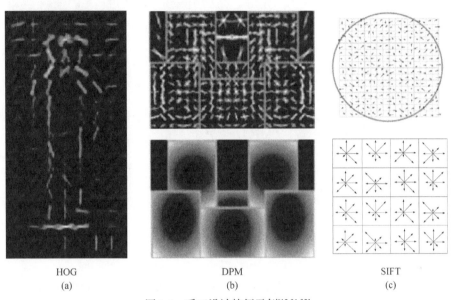

HOG	DPM	SIFT
(a)	(b)	(c)

图 1.3 手工设计特征示例[12,31,32]

3) 弱监督学习

弱监督学习算法一般以多示例学习为主[33-36]。在多示例学习中, 图像
被看作示例包, 而图像中提取的候选框则看作示例包中的示例。利用上述
两步获得示例(候选框)及其对应的特征之后, 弱监督学习在只给定示例包
标号, 而不给定示例标号的情况下学习关于示例的分类器, 同时定位目标。
为了简洁地区分弱监督目标检测中的标注信息和其他监督学习的标注信
息, 本书给出各个监督学习框架下目标检测任务中的标注示意。正反例图
像和样本举例如图 1.4 所示。可以看出, 在全监督目标检测中, 图像中所
有的目标均有准确的位置标注; 在弱监督目标检测中, 只有图像信息的标
注, 没有目标位置和个数的标注; 在半监督目标检测中, 图像数据集中只
有部分图像有全监督的标注, 而其余图像中没有任何标注。

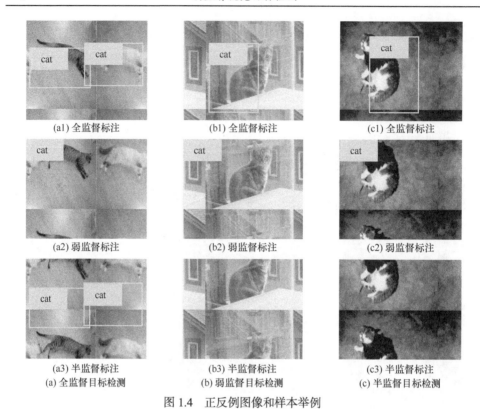

图 1.4　正反例图像和样本举例

对于不同的监督学习信息，在训练阶段，各个任务之间的训练过程也有所区别。弱监督学习和全监督学习框架对比如图 1.5 所示。可以看出，相对全监督学习问题和半监督学习问题而言，弱监督目标检测的过程需要同时确定目标的标号和位置。其核心问题是，如何在只有图像标号、没有样本标号的情况下学习得到关于样本的分类器。

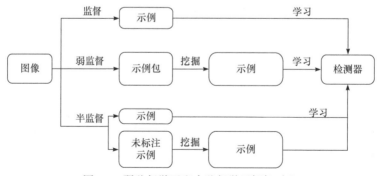

图 1.5　弱监督学习和全监督学习框架对比

针对以上问题，Hyun 等[37]提出一种通过使用图覆盖理论进行弱监督目标检测的方法；Cinbis 等[38]和盛怿寒[39]使用多示例学习(multiple instance learning，MIL)的方法；徐小程[40]使用自动样本标注的方法；Ren 等[19]和 Wang 等[41]使用了隐语义聚类和多示例学习相结合的方法；程圣军[42]研究了基于随机游走图模型的弱监督学习方法；Wang 等[43]使用协调分割的方法对特定视频场景中的目标进行无监督学习建模；赵永威等[44]、岳亚伟[45]、陈燕等[46]对弱监督分类的方法进行研究。此外，Li 等[47]提出确保半监督学习方法在学习过程中不降低性能的理论；杨杰等[48]提出一种去噪受限玻尔兹曼机的弱监督特征学习方法。

2. 传统弱监督目标检测算法

传统弱监督视觉目标检测建模方法大致可以分为聚类方法[17,41,49]、多示例学习方法[38,44]与隐变量支持向量机(latent support vector machine，LSVM)[16,17,49]方法。聚类方法主要通过无监督的学习方式在所有样本集合中找到一个聚类性突出的子集。该集合可以较好地涵盖正例样本的集合。Wang 等[49]通过使用隐语义空间分析的方法实现高层次的语义级别的聚类。Bilen 等将隐变量的目标求解过程与聚类方法相结合，依靠聚类算法中目标方程是凸函数这一性质提高隐变量求解过程中目标函数的凸性。

多示例学习的方法则将每个图像视为一个包含多个目标候选区域(region proposal)的"包"，在学习过程中迭代选择得分高的候选区域作为正例样本，并以此更新模型。为了避免高得分样本是反例(非目标区域)，多折多示例学习(multi-fold MIL)[38]将整个样本的集合划分为多个子集，在训练过程中进行交叉验证与协同训练。Ren 等[19]针对大规模数据的学习，提出 MILlinear 方法。该方法通过将求解多示例学习的传统梯度方法替换为信赖域的方法，能够显著提高学习速度。

隐变量支持向量机将图像中的目标样本位置作为隐变量，通过求解一个非凸目标函数，实现最大间距下的图像级分类与弱监督建模。与其他弱监督学习方法类似，隐变量支持向量机的目标函数是非凸的，这就使隐变量支持向量机在学习过程中无法像支持向量机那样求得全局最优解。常见的方法是将其非凸目标函数写成两个凸函数差的形式，在学习过程中，每次迭代优化时均找到一个线性函数作为第二个目标函数的线性上界，进而保证每一步迭代中的目标函数是凸函数。为了阻止非凸目标函数迅速陷入局部最优，Hyun 等[37]采用聚类方法对隐变量进行初始化，并采用 Nesterov 平滑方法，通过将目标函数转化为欧拉二次型而增加凸性。Bilen 等[16]提出根据先验知识在目标函数中加入两个凸函数进行正则化，以提高隐变量支持向量机解的质量。在后续研究中，Bilen 等[16]利用非凸最优化方法求解初始解，并以凸聚类方法为主进行求解。

3. 基于深度学习的弱监督目标检测算法

随着深度学习的兴起，越来越多的方法采用深度学习的框架[49-67]。最早的深度学习框架下的弱监督目标检测算法是弱监督深度检测网络(weakly supervised deep detection network，WSDDN)方法。该方法首先利用两个全连接层获取图像中各个候选框的定位信息和类别信息，然后将所有的候选框类别信息相加用于预测图像标号。通过这种方式，深度网络可以很好地构建目标检测和图像分类之间的关系。通过引入上下文信息、分割信息、模型精调，深度网络可以被很多弱监督目标检测框架采用。

1.2.2　存在的问题

虽然国内外的研究机构开展了弱监督目标检测工作并取得成果，但是弱监督目标检测算法的性能相对于全监督目标检测算法仍然相差甚远，如图 1.6 所示。

在建模方面，弱监督学习方法的目标函数一般是非凸函数，因此容易陷入局部最优。传统的多示例学习、隐变量支持向量机方法的求解思路应用到图像目标建模时也会遇到此问题。传统的多示例学习、隐变量支持向量机的目标函数通常以图像级分类准确率(precision)为导向，而不是样本分

图 1.6 弱监督目标检测算法与全监督目标检测算法性能对比

类准确度。实验中经常观测到的现象是，弱监督算法将目标的部件当成目标本身，实现的图像级分类精度最高，模型会很快收敛到局部最优解，造成很多目标部件或者具有相关性的其他目标被错误当成目标本身。在目标位置不能确定的情况下进行模型学习与求解，其解空间是巨大的。在特征表示方面，现有的深度特征一般都依赖大量准确标注的样本，如何利用弱标注样本提高特征表示能力，有待很好地解决。

1.3 本书的主要研究内容

如图 1.7 所示，对于弱监督目标识别问题，本书从建模、优化和应用三个方面分别解决弱监督目标识别中存在定位随机性高、模型非凸导致容易定位到目标部件和实际应用场合中类别比例严重失衡等问题，分别提出最小熵隐变量模型、渐进多示例学习 (continuation multiple instance learning，C-MIL) 方法，并实现弱监督 X 射线安检违禁品识别这一实际应用框架。具体研究内容包括以下方面。

(1) 提出一种有效的深度学习模型，称为最小熵隐变量模型，用于弱监督目标检测任务。最小化熵能减少系统的随机性，通过引入最小熵隐变量模型，算法在训练阶段的定位随机性得到降低，因此能够更稳定地学习目标特征，提升目标定位的准确性。最小熵隐变量模型的主要贡献如下。

① 采用深度神经网络结合最小熵隐变量模型，可以更有效地挖掘到目标候选框，并最小化学习过程中的定位随机性。

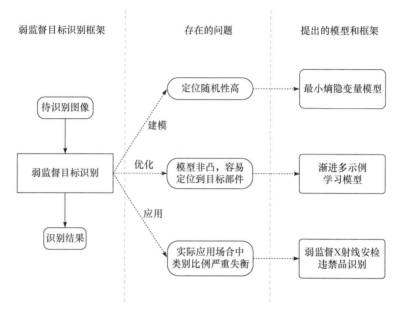

图 1.7　建模、优化和应用三方面对弱监督目标识别任务的研究

② 采用一个候选框架更好地搜集目标的信息，并激活完整的目标区域，从而更准确地检测目标。

③ 用一个循环学习算法将图像分类和目标检测看作一个预测器和一个校正器，并利用连续优化(continuation optimization，CO)方法解决非凸优化问题。

④ 在 PASCAL VOC(pattern analysis, statistical modelling and computational learning visual object classes)数据集上可以取得最佳分类、定位和检测性能。

(2) 提出一种有效的弱监督目标检测算法，称为渐进多示例学习。渐进多示例学习方法致力于解决传统多示例学习方法的非凸优化问题。通过引入一个序列对原函数的平滑损失函数，在训练过程中以一个容易求解的凸损失函数为起点，逐渐优化该序列中的平滑损失函数，直至损失函数退化成原损失函数。该平滑过程通过引入示例子集的方式完成。渐进多示例学习可以显著提升弱监督目标检测和弱监督目标注位的性能。

这些现象背后的原理是，当结合使用渐进优化模型和深度网络时，模型在训练过程中通过搜集目标或者目标部件的方式激活目标的完整区域，从而学习到语义稳定极值区域。这给弱监督视觉目标检测任务带来新思路。

(3) 提出类平衡分层激活网络。模型通过增加深层特征对中间层特征的监督，使中间层特征能够得到更精细的视觉线索，并且过滤掉一些不相关的信息。此外，设计类别均衡的损失函数，通过减少反例样本的数量，尽量使正例和反例的数量达到平衡，并且该损失函数依赖分层的网络结构，使深层侧输出的损失函数对浅层侧输出的损失函数有指导作用。在 SIXray 数据集的三个子集上与多种方法进行对比实验。实验表明，类平衡分层激活网络性能有显著提升，同时在自然场景数据集上，也表现出较好的性能，体现出方法的泛化能力与可扩展性。

第 2 章　相关工作与技术

第 1 章介绍了国内外相关弱监督目标检测算法的研究背景与意义。作为扩展，本章详细综述弱监督目标检测任务中常见的相关工作和技术。由于弱监督目标检测中的大多数方法从全监督目标检测框架中继承而来，因此下面首先介绍全监督目标检测的相关方法，然后介绍弱监督目标检测的相关工作与技术。

2.1　全监督目标检测

2.1.1　候选框提取算法

候选框提取算法是弱监督目标检测的前提。为了能够检测到目标，算法往往首先需要获取目标潜在的位置，然后对所有潜在的位置进行区分，排除背景位置，最终检测到目标。检测的结果是目标所在的位置和类别。本书的弱标注信息是图像级的，也就是每张图像只包含目标的类别标号，没有目标的具体位置。因此，如何有效地定位到目标对检测十分重要。最简单的方法是穷举法，也就是对目标可能出现的位置进行穷举式搜索。由于穷举法的计算代价太高，研究人员提出利用目标的先验信息预测目标候选框的算法。

穷举式候选框提取算法对所有可能的区域进行遍历搜索，也就是扫窗。在遍历搜索过程中，窗口以多尺度、多比例的方式对图像逐像素扫描。穷举式候选框提取算法的优点是具有非常高的查全率，其缺点也非常突出，即候选框个数太多。穷举式候选框提取算法往往会生成百万级数量的窗口，给检测分类带来巨大的计算量。因此，该方法逐渐被其他方法替代。

选择搜索候选框提取算法[20]是查全率较高而窗口数量较少的方法。该算法综合了穷举法和图像分割的方法，与传统的单一策略相比，它结合了多种策略，可以大幅度降低候选框的数量，并可以使用更复杂和精细的识别算法。该算法使用分割的方法将图像分割成小的图像区域，然后分层合并。

近年来，涌现出一批基于机器学习的候选框提取算法。与以往候选框提取算法不同，基于机器学习的候选框提取算法使用的不是先验知识，而是人工标注的候选框训练样本。通过学习的方法进行建模比传统候选框提取算法依据的一些规律性先验知识更为准确，指导性更强。近些所来，比较新的基于机器学习的候选框提取算法有 Krähenbühl 等[52]提出的方法，以及 He 等[36]提出的 Faster RCNN(regions with CNN)框架中的区域生成网络(region proposal networks，RPN)。然而，对于弱监督目标检测任务而言，由于缺少目标标注信息，基于学习的候选框提取算法难以应用。

2.1.2 特征提取

样本(候选框)提取完成后，需要先对样本提取特征，使其满足后续分类器的输入要求。特征提取算法对检测非常重要，好的特征往往会让后续的分类任务事半功倍。因此，近些年来大量的学者对特征的提取进行了研究，并提出很多高效的特征提取算法。这些特征可以分为手工设计的特征和基于学习的特征。下面分别对这两类特征提取算法进行介绍。

最初的特征提取方法主要是手工设计的。早期的手工设计特征往往都是低层次的特征，即像素级的，主要是提取图像中的梯度、边缘等。本书主要介绍两个经典的手工设计特征，即 HOG 和 SIFT。

HOG[12]对一个图像提取不同方向的梯度，然后统计图像中各个区域关于梯度的直方图。具体步骤如下，HOG 特征通过直方图的方式表示图像中的梯度分布情况。对于图像的局部，HOG 特征只描述梯度的分布特性，舍弃了梯度的局部空间分布特性，使用块的方式建立各个图像局部之间的空间位置关系描述。该特性使 HOG 特征对图像的光照、阴影和噪声有噪声有较好的鲁棒性。然而，HOG 特征只关注梯度信息，在提取过程中舍弃了颜色与其他信息，使其限制了特征表示的能力和目标检测的效果。

SIFT[29]是一种描述和检测图像特征点的算法。该算法已经广泛应用于图像匹配、图像拼接、3D 建模、姿态对比等应用。SIFT 特征不但具有尺度不变性，而且对图像的旋转、图像亮度的变化、拍摄角度的改变具有很好的鲁棒性。SIFT 在图像的尺度不变特征提取方面的优势非常明显，对旋转、尺度缩放、光照变化等具有不变性。但是，SIFT 的计算实时性不高，无法准确地提取边缘光滑的图像特征点。

2.1.3 特征学习

随着机器学习算法的快速发展，越来越多的学者开始使用它来提取特征。特征的学习过程使用机器学习算法，目的是让学习的目标方程或者损失函数在设定的意义上达到最优。最终在实际中使用的特征一般都是机器学习算法达到最优时靠近输出的中间值。

由于具有出色的特征表示能力，卷积神经网络[31,32,53]被广泛采用。普通的神经网络输入都是向量，因此在一张图像用作输入时，首先应该对图像提取特征，使其变成一个固定维度的向量，然后进行神经网络的运算。这使提取特征和训练网络分离开来，两者独立进行，不能更好地适应和匹配对方。卷积神经网络不同，它的输入是二维(灰度)图像，甚至三维(彩色)图像，输出是分类数。整个卷积神经网络将提特征和分类融为一体，不需要采取任何其他的人为操作，所有参数都是自动学习的。从直观上看，增加输入的维度会使整个网络的参数指数级增长。事实上，卷积神经网络的这一举动确实会使网络参数大幅增加。如果没有任何应对措施，那么卷积神经网络就无法做到更大、更深，也就发挥不出其大数据、大网络的优势。为了解决这个问题，卷积神经网络使用局部接受野和权值共享的策略。这可以极大地降低参数数量，使卷积神经网络得到广泛应用。下面详细介绍其原理。

一个基本的卷积神经网络包含卷积层、池化层、全连接层。卷积运算示意图如图 2.1 所示。卷积核的定义来自局部接受野的理论概念，也就是输出图像的每一个点只与输入图像的一个局部有关。这样可以避免输出层的每一个点都与输入层的每一个点进行运算。对于每一个输出卷积图像而言，它的每一个点都是由原图和相同的卷积核计算得来的，这就是权值共享。权值共享时，卷积层的参数数量由卷积核的个数决定，这使训练所需的参数大幅减少。

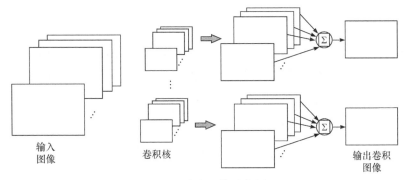

输入图像　　　卷积核　　　　　　　　输出卷积图像

图 2.1　卷积运算示意图

另一个重要的结构是池化层。池化层的存在是为了减小卷积图的大小，本质上是降低计算复杂度。另外，由于池化特性，池化之后的输出对图像的平移、缩放等变换都具有一定的鲁棒性。池化层的方式有很多种，比较常用的有最大池化、平均池化等。

卷积神经网络会接连一个全连接的人工神经网络。由于类别信息是向量，而输入信息是矩阵，因此卷积神经网络最终将输入的矩阵展开，构成向量，用一个全连接层将该向量投影到类别空间。

卷积神经网络示意图如图 2.2 所示。输入图像后，重复执行卷积和池化操作若干次，再接全连接层作为输出。

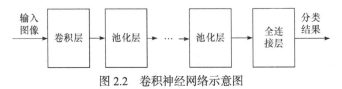

图 2.2　卷积神经网络示意图

2.2　弱监督目标检测

　　学习算法是弱监督目标检测的核心，主要解决在标注信息不全、不准确的情况下，如何学习好分类模型。目前，国内外有很多学者致力于弱监督学习算法的研究，本书综述应用最为广泛的几类弱监督学习算法，包括多示例学习、聚类方法、隐变量支持向量机等。弱监督学习算法大多依赖监督学习算法，是监督学习算法的改进。本节首先介绍监督分类学习算法，然后介绍上述弱监督学习算法。

　　弱监督学习算法主要针对分类样本标注不全或不确定的情况，通过比较弱的标注信息和先验知识学习分类模型。弱监督学习算法主要以监督分类器为基础，通过增加惩罚项，或者先预测样本再监督分类。弱监督学习标注的方式可以分为三种，即线标注、点标注、图像级标注。三种弱监督学习标注的示意图如图 2.3 所示。线标注只需给出图像中目标对称轴的大致方位。点标注相比线标注更加简洁，只需给出目标的大概中心位置。图像级标注在这三者中的标注量最少，只需给出图像中存在的目标的类别。

(a) 线标注　　　　　　　　　(b) 点标注　　　　　　　　　(c) 图像级标注

图 2.3　三种弱监督学习标注的示意图

　　本书采用图像级标注作为弱监督学习的标注方式。其原因是：①图像级标注最能够减少标注工作量；②图像级标注使用范围更广，除了标注工作量最少之外，还可以利用现有的图像分类数据集和网络中的关键词搜索信息，具有非常好的扩展性。

　　弱监督目标检测相关方法可以分为传统方法和基于深度学习的方法。

传统方法包括聚类方法、多示例学习方法和隐变量学习方法。基于深度学习的方法包括非端到端方法和端到端方法两种。弱监督目标检测方法分类如图 2.4 所示。

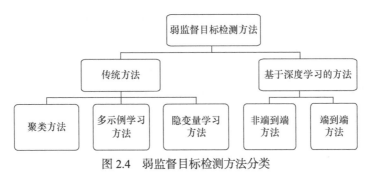

图 2.4 弱监督目标检测方法分类

2.2.1 传统方法

1. 多示例学习

多示例学习[38,44]最早是由药物分子学科领域的学者提出的。该算法的提出是为了解决同分异构体造成的混淆，最终找到同分异构体中真正起作用的那一种。多示例学习包括两个层级，一个层级是示例(样本)级，另一个层级是示例包级。每个示例包包含多个示例样本。传统的监督学习可以看作每个示例包只包含一个示例，即示例和示例包是一一对应的。因此，多示例学习是传统监督学习的一个延伸。多示例学习由于其广泛的应用场景和独有的学习性质，受到了计算机视觉领域学者的关注和重视。

在多示例学习中，样本的标注以示例包为单位。示例包包含若干个示例样本，样本分为正例样本和反例样本。当一个示例包中出现至少一个正例样本时，示例包被标记为正(标号为 1)；当示例包中没有出现正例样本，也就是示例包中所有的样本都为反例样本时，示例包被标记为负(标号为 -1)。多示例学习的输入为示例包的集合，示例包的标号取值为 $\{1, -1\}$。在反例包中，所有样本的标号都是确定的，都是反例。正例包则不同，正例包中的样本标号未知，但是可以确定至少有一个样本标号为正。

多示例学习的框架分为两种，第一种是基于示例分类的框架(mi-SVM)，第二种是基于示例包分类的框架(MI-SVM)。聚类的核心目的是寻找正例样本，在找到正例样本之后，结合反例图像中的反例样本训练最终的分类模型。多折多示例学习可以视为对多示例学习的一种改进。

多示例学习存在一个很大的问题，其对模型的初始化过于敏感，初始化不当容易导致模型往错误的方向学习，从而使模型更容易陷入局部最优。聚类方法可以很好地优化这个问题。然而，聚类方法过度依赖正例样本之间的聚类性，在样本类内间距较大的情况下容易选错正例样本，导致模型学习失败。

2. 隐变量学习

隐变量支持向量机[16,17,49]是本书研究的基础。隐变量支持向量机所解决的问题和多示例学习一样，样本的标注以示例包为单位。正例包中至少包含一个正例样本，反例包中一定不包含正例样本。与多示例学习不同，隐变量支持向量机给出了分类器的损失函数。分类器的学习过程就是对损失函数求最小值。损失函数的形式为

$$L(w) = \frac{1}{2}\|w\|^2 + \lambda \sum_{i=1}^{n} \max(0, 1 - y_i f(x_i, w)) \tag{2.1}$$

其中，$\lambda \in [0,1]$ 为图像 x_i 在分类器 w 下的得分，在传统方法中，该分类器一般为支持向量机分类器。

可以看出，当图像的得分与图像的标号不一致时，该图像会造成较大的损失；当图像的得分与图像的标号一致时，损失较小，甚至为 0。可见，图像的得分影响整个优化过程，一般图像的得分表达式为

$$f(x, w) = \max_{z} w \cdot \phi(x, z) \tag{2.2}$$

其中，z 为隐变量，表示目标可能的位置。

图像得分一般取图像中样本的最大得分，可以根据弱标注的形式来确定。

2.2.2　基于深度学习的方法

基于深度学习的方法大致可以分为非端到端方法和端到端方法。其中，非端到端方法通常采用多示例学习的方式，将传统的分类器替换为深度卷积神经网络。非端到端的弱监督学习深度检测算法如图 2.5 所示。已发表的具有代表性的非端到端的方法有 Self-Taught[61] 和 W2F[68]。这两种方法的核心是挖掘样本，利用挖掘的样本重新按监督学习的方式训练检测器。这一类方法通过设计策略挑选更为准确的窗口，从而提升检测性能。在Self-Taught 使用一种图传的方式挖掘样本，通过目标之间的相似性度量，挖掘潜在的目标，并用该目标训练 Fast RCNN 检测器；训练好 Fast RCNN检测器之后，更新所有候选框的得分，对目标候选框重新挖掘。该方式迭代多次直到模型收敛。W2F 的框架基于其他弱监督方法的结果，以设计融合策略的方式更新目标的位置。该方法的融合方式基于对基准方法检测结果的经验观察，利用先验信息设计候选框修正和融合策略，使最终得到的候选框更加准确。在得到大候选框之后，该方法训练 Faster RCNN 检测器，以获取很好的性能。

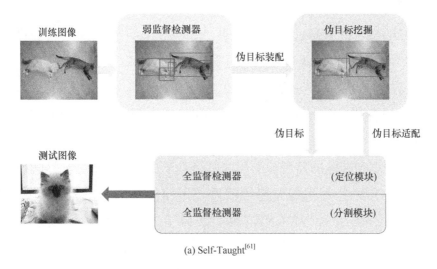

(a) Self-Taught[61]

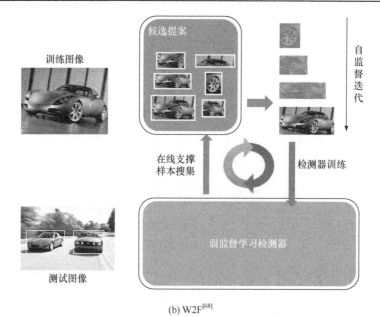

(b) W2F[68]

图 2.5　非端到端的弱监督学习深度检测算法

其弊端是训练过程十分复杂且耗时，需要调整的参数也非常多，对学习十分不利。因此，越来越多的研究人员开始研究端到端的弱监督检测算法。

WSDDN[57]由 Bilen 于 2016 年提出。WSDDN 结构及其改进算法如图 2.6 所示。WSDDN 以 Fast RCNN 为基础，在最后一个全连接层后增加两个全连接层的分支，分别用于定位和分类，最终综合定位和分类结果，预测图像的类别标号。WSDDN 结构简单，容易训练，被越来越多的研究人员使用。

另一种端到端的弱监督检测算法则是基于分类的框架，如图 2.7 所示。

这两种方法分别是弱监督级联卷积网络(weakly supervised cascaded convolutional network，WCCN)[58]和 TS²C[66]。其首先通过图像分类的框架激活卷积特征，从而定位目标的大致位置，并结合语义分割的信息，预测目标的位置，然后利用该位置信息训练检测器。该方法的优点是计算效率高，但是性能往往受到限制。

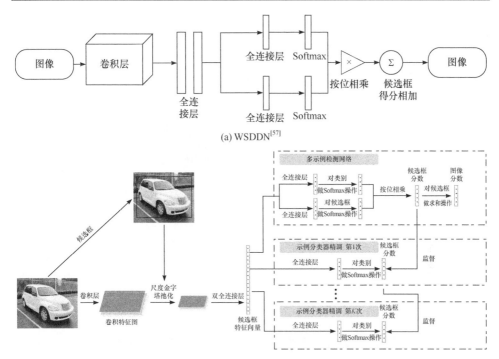

(a) WSDDN[57]

(b) 在线样本分类器修正(online instance classifier refinement，OICR)[63]

图 2.6　WSDDN 结构及其改进算法

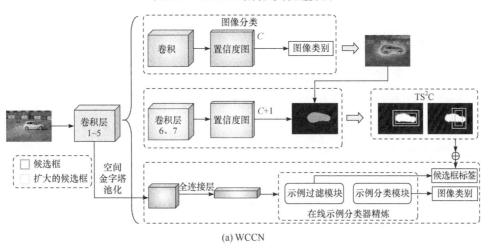

(a) WCCN

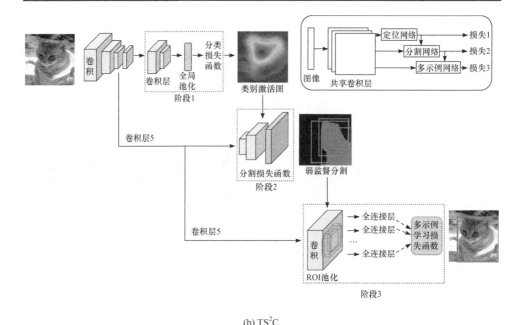

(b) TS^{2}C

图 2.7 基于分类网络和语义分割信息的弱监督检测算法

2.3 特征学习与建模

2.3.1 无监督特征预学习

视觉特征表示的无监督学习可以粗略地分为生成式方法、聚类与关联方法。早期的生成模型方法包括自编码器[69,70]和受限玻尔兹曼机[71,72]。例如，Goodfellow 等[73]在 YouTube 视频的大规模数据集上训练多层自编码器，在无图像类别标注的情况下学习的高层神经元可以识别猫和人脸。近些年研究者提出的经典生成模型，如生成对抗网络[74]和变分自编码器[75]，能够在给定部分样本的情况下生成风格不同的图像，并扩张样本空间，从而为模型的自我更新提供基础。

基于不变性特征的区域关联是自学习特征的重要方法。视觉不变性可以通过在视频帧序列中拍摄相同的实例/场景来捕获，基于不变性的特征进行匹配、跟踪、聚类，进而自主生成图像类别标注，用于特征自学习。自学习特征表示的关键是挖掘目标/区域的共同特性，主要由图像块的相对位置[76]反映目标空间布局或者表观一致性[77, 78]。在此过程中，目标与区域匹配都非常依赖特征(旋转、尺度等)的不变性与适应性。如果特征不变性得不到保证，那么在初始化匹配与跟踪过程中的精度就会变得非常低，从而显著降低卷积网络与特征的性能。

2.3.2　不变性特征

为了实现目标特征自学习与模型自学习，需要进行大量的区域关联与匹配，具有不变性的特征表示是高性能目标检测的前提。在深度学习框架中，为了解决目标的视角与尺度不变性问题，通常以大量数据驱动深度网络"记忆"各种尺度与视角变换。谷歌公司提出的 TI-Pooling 算法[79]首先对训练样本进行尺度、旋转、仿射变换等，然后采用并行的卷积网络分别学习每一种变化，最后通过权值共享与多示例学习策略选择输入样本最优的变换进行训练。TI-Pooling 算法中大量的输入样本使网络训练变得十分困难，耗费更多的计算资源。散射不变卷积网络[80]利用小波散射变换计算，拥有双层结构，具有旋转不变性图像表示的能力。第一层输出类似于 SIFT 的结构。第二层得到用于分类的不变性特征编码，并在小波转换卷积中加入非线性系数和 Average Pooling 运算。空间变换网络(spatial transform network，STN)[81]在卷积神经网络中引入一个用于计算样本空间变换参数的子网络，通过学习仿射变换参数实现对样本尺度、平移、旋转变化的校正。但是，STN 对复杂背景下角度较大的变换适应性仍然不强，对复杂图像空间变换的估计精度不高。

卷积神经网络的卷积特征图呈现出金字塔式的多分辨率结构，但是当目标物体尺度变化较大时，卷积神经网络仍然无法自适应地提取对尺度鲁棒的特征。目前，在深度学习框架内解决尺度适应性的方法主要有以下三类。

(1) 尺度金字塔。这类方法通过构建多尺度的滤波器金字塔应对目标的尺度变化，如传统特征 SIFT 等。

(2) 图像仿射变换。这类方法不需要提供额外的监督信息，首先通过一个子网学习输入图片相对于此目标类别"标准"的仿射变换，然后用其逆变换对输入图片进行矫正，提取深度特征，以此获得对旋转、尺度、平移的适应性。

(3) 对图片预处理后提取各种尺度的目标候选框，对每个目标候选框提取深度特征。

第一类方法的不足在于难以与现有的深度学习框架统一，且提取的是区域局部特征，无法构建样本的整体不变性。第二类和三类方法对输入进行仿射变化或者尺度枚举，导致运算开销大。如何设计更加合理的卷积神经网络结构来提高深度学习特征的旋转不变性与尺度适应性需要进一步研究。

2.3.3 弱监督目标建模

在过去的二十多年间，以 Adaboost 方法为基础的人脸目标检测[82]、以 DPM 为代表的人体目标检测[83]、以深度学习为代表的多类目标检测算法极大地促进了相关领域的发展[84-87]。这些方法中的大部分工作依赖精确的样本类别与位置标注，而没有涉及减少监督信息的研究。

弱监督学习通过将目标位置标注简化为图像类别标注，从而大大减少人工标注工作量。在弱监督图像目标建模中，通常假设不同类别的目标在特征空间内相距较远，而同类目标能够在特定的特征空间形成一个聚类。在这样的假设下，可以使用图匹配、跟踪、聚类与多示例学习等方法发现感兴趣目标的同时学习检测器。

Ren 等[19]提出能处理大规模数据的 MILinear 方法，通过信赖域的方法替代传统的梯度方法求解多示例学习。MILinear 方法通过模型得分将多示例学习的正例包中的样本划分为正反例，进而将容易混入正例的反例样本排除，达到显著改善目标定位性能的目的。Bilen 等[57]使用凸聚类防止陷入错误的标记中。以上两种方法通过引入关于目标先验的正则化项缓解局部最优问题。为了实现高层语义级的聚类，Li 等[59]采用概率隐语义分析(probabilistic latent semantic analysis，pLSA)方法得到了更好的效果。隐变量支持向量机是另外一种常用的隐变量学习方法。它将图像中的目标样本位置作为隐变量，通过求解一个非凸目标函数，实现最大间距下的图像级分类与弱监督学习建模。与多示例学习一样，隐变量支持向量机的目标函数是非凸的，在学习优化过程中同样容易出现局部最小值。隐变量支持向量机的目标函数是以图像级的分类精度为导向，而不是以目标分类精度为导向。这可能导致算法将目标的一部分当成目标本身，模型很快收敛到局部最优解，造成随机性定位错误。Gao 等[60]采用凸聚类正则化提高隐变量支持向量机解的质量。Jie 等[61]采用聚类方法为隐变量学习设定初始解，并通过将目标函数转化为欧拉二次型来增加目标函数的凸性。在后续的研究中，特征学习与弱监督学习得到充分结合。其主要思路是将卷积层像素或目标候选区域当成示例，将目标定位与特征学习联合求解。然而，局部最小值与随机性定位错误并未从理论上得到解决。

2.4　弱监督语义分割与实例分割

对于目标识别问题，与本书内容有较大关联的任务还有弱监督语义分割和实例分割，如图 2.8 所示。对于分割任务而言，在监督学习框架中，算法的训练需要更高强度的标注信息，即所有的目标像素均需要标注。尤其是在示例分割中，同一张图像中的不同示例还需要有不同的标注。

(a) 原图像

(b) 语义分割

(c) 实例分割

图 2.8　语义分割和实例分割

　　弱监督语义分割和实例分割[88-92]的任务是利用弱监督信息来解决像素级的语义分割问题。与本书的问题类似，在训练过程中，弱监督语义分割没有像素级别的标号，只有图像的类别标注信息。弱监督学习模型除了需要找到前景像素，还需要学会区分背景像素和不同类别的前景像素。全监督分割算法通常利用图像及其对应的像素级标注信息训练分割模型。该模型在测试过程中可以对图像中的每个像素进行分类，从而得到语义分割结果。

　　与语义分割不同，目标检测只需要用方框定位目标，因此该方法相对而言更加简便，在实际应用场合中对目标的位置要求不是很高的情况下更为实用，并且该方法能为进一步精细的语义分割或示例分割提供良好的初始值。

2.5　本章小结

　　本章介绍弱监督目标识别问题中的各种相关技术。首先，针对弱监督学习方法对全监督方法的继承性，介绍全监督学习下的目标检测算法，然后对弱监督目标检测框架中的各种方法进行详细综述。针对弱监督目标识别中的特征和建模等问题，单独展开论述。最后，介绍与弱监督目标检测相关的两个任务，即弱监督语义分割和实例分割。

第3章 最小熵隐变量模型

3.1 问题简介

目标检测的任务是,识别并定位给定未知图像中所有感兴趣的目标。当前的目标检测框架以"预定位 + 精分类"的方式为主。其中,预定位的过程是根据一定的先验规则,如纹理、颜色、前景分类器等,提取图像中所有可能是目标的位置,作为目标的候选区域。该区域通常以方框的形式表示,因此目标的候选区域也成为目标候选框。预定位的作用是通过先验信息,以尽可能少的目标候选框定位到全部的目标。预定位的引入可以在极大减小目标位置的搜索范围、降低计算代价的同时,保证较高的查全率。精分类的过程则是通过训练目标候选框的分类器,对预定位生成的目标候选框进行精确分类,从众多目标候选框中识别出目标,并给定目标类别。

在全监督目标检测训练过程中,目标的位置信息是已知的。目标检测算法在精分类的分类器训练过程中,可以根据目标的位置信息确定每一个目标候选框的类别标号。通过这种监督方式,全监督的目标检测算法取得了巨大的进步。然而,在弱监督目标检测的训练过程中,目标的位置信息是未知的,只有目标的存在与否是已知的。因此,弱监督学习算法在训练过程中除了需要学习目标候选框的分类器,还需要先定位目标的位置。全监督目标检测和弱监督目标检测训练过程对比如图 3.1 所示。

隐变量模型是弱监督视觉目标检测的常用模型之一。在隐变量模型中,目标候选框为隐变量,在训练过程中标号未知。通过隐变量的引入,隐变量模型能够建立图像标号和目标候选框的关系,并在训练过程中迭代预测隐变量的标号和优化图像分类损失,直至模型收敛。

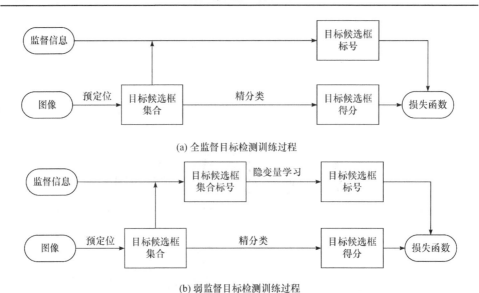

(a) 全监督目标检测训练过程

(b) 弱监督目标检测训练过程

图 3.1　全监督目标检测和弱监督目标检测训练过程对比

　　然而，弱监督目标检测模型(如隐变量模型)的损失函数通常是非凸的，导致该模型容易陷入局部最优。此外，优化目标往往是最优化的图像分类，这与目标检测任务并不一致。这种不一致会导致很多局部最优解(如目标的部件等)，也能使图像分类损失达到最小。模型的非凸问题、损失函数和优化目标不匹配的问题导致模型在训练过程中具有很强的随机性。模型对目标的定位结果可能会在多个局部最优解之间切换，导致目标特征学习不稳定，使模型最终收敛到错误的位置，如图 3.2(a)所示。近年来，虽然很多研究人员提出图像分割、上下文信息、分类器精调等正则项的方式，但是对于如何从原理上降低定位随机性仍然有待解决。

　　本章提出基于候选框团的最小熵隐变量模型(min-entropy latent model，MELM)，最小化目标定位的随机性。最小熵隐变量模型受热力学原理的启发，即最小化熵能减少系统的随机性。通过引入最小熵隐变量模型，算法在训练阶段的定位随机性得到降低，因此能够更稳定地学习目标特征，提升目标定位的准确性。图 3.2 为传统弱监督目标检测框架(以 WSDDN 为例)和本书提出的最小熵隐变量模型训练过程及定位结果对比。图 3.2(a)和图 3.2(b)的第一行是候选框得分叠加之后的置信度图。图 3.2(a)和图 3.2(b)的第二行深色框为得分前十的候选框，浅色框为最高得分框，即定位结果。

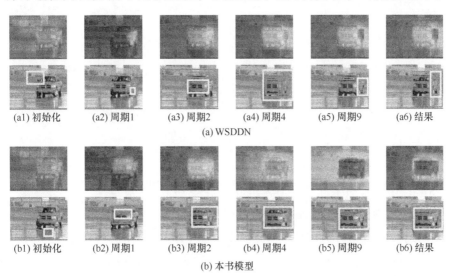

(a) WSDDN

(b) 本书模型

图 3.2　传统弱监督目标检测框架和本书所提模型训练过程及定位结果对比

3.2　最小熵隐变量模型

最小熵隐变量模型示意图如图 3.3 所示。最小熵隐变量模型由以下部分构成。

(1) 候选框团划分模块，用于目标候选框(目标或目标局部)的搜集。

(2) 全局最小熵隐模型，用于发现包含目标的候选框团。

(3) 局部最小熵隐模型，用于对目标的精确定位。

其中，候选框团是一个候选框集合。该集合中的候选框相互之间具有空间关联性(空间位置相互重叠)和类别关联性(属于同一个目标类别)。候选框团的引入有助于减少候选框之间的冗余，减小弱监督学习的解空间，从而优化模型的求解过程。结合最小熵隐模型，本书提出的方法能够搜集目标候选框，并最小化目标定位的随机性、激活更完整的目标区域和压制背景。首先，候选框团划分模块在大量嘈杂的候选框集合中搜集与目标相关的候选框团。然后，基于这些候选框团，定义全局最小熵模型，发现目标候选框团。最后，利用局部最小熵模型对背景进行压制，精确定位目标。三个模块在训练过程中迭代优化。

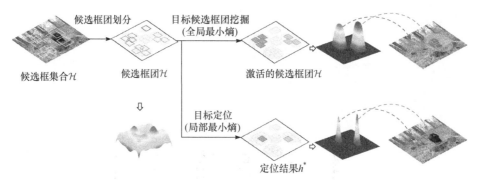

图 3.3　最小熵隐变量模型示意图

在介绍最小熵隐变量模型之前，定义如下相关符号。

$x \in X$：图像 x 属于图像数据集合 X。

$y \in Y$：图像标号 y 属于标号集合 $Y = \{1,0\}$，其中 $y=1$ 表示图像中包含感兴趣的目标，即正例图像；$y=0$ 表示图像中不包含感兴趣的目标，即反例图像。

$h \in \mathcal{H}$：候选框 h 属于候选框集合 $\mathcal{H}$。

$H_c \subseteq \mathcal{H}$：候选框团，是候选框集合的子集。

θ：最小熵隐变量模型的参数。

$E(\cdot)$：最小熵模型。

$L(\cdot)$：损失函数。

根据上述符号，最小熵隐变量模型的方程定义为

$$\begin{aligned}
\{h^*, \theta^*\} &= \underset{h,\theta}{\arg\min}\, E_{(X,Y)}(h,\theta) \\
&= \underset{h,\theta}{\arg\min}\, E_{(X,Y)}(H_c,\theta) + \lambda E_{(X,Y,H_c)}(h,\theta) \\
&\Leftrightarrow \underset{h,\theta}{\arg\min}\, L_{(X,Y)}(H_c,\theta) + \lambda L_{(X,Y,H_c)}(h,\theta) \quad (3.1)
\end{aligned}$$

其中，$E_{(X,Y)}(H_c,\theta)$ 和 $E_{(X,Y,H_c)}(h,\theta)$ 为全局最小熵和局部最小熵，用于优化方程，发现包含目标的候选框团，并进一步精确定位目标；λ 为正则项因子，决定局部最小熵在优化过程中的权重；$L_{(X,Y)}(H_c,\theta)$ 和 $L_{(X,Y,H_c)}(h,\theta)$ 为模型的损失函数，分别基于全局最小熵模型 $E_{(X,Y)}(H_c,\theta)$ 和局部最小熵模型 $E_{(X,Y,H_c)}(h,\theta)$ 定义。

3.2.1　候选框团划分

候选框团是一个候选框的集合，是整个候选框集合的子集。候选框相互之间具有空间关联性(空间位置相互重叠)和类别关联性(属于同一个目标类别)。候选框团示意图如图 3.4 所示。首先选取候选框集合中得分高的候选框，然后根据其空间位置关系和类别的关系，动态地划分成多个候选框集合。候选框团的作用是搜集目标或目标部件的信息，以激活完整目标区域。

候选框

候选框团　　　　　　　　　　　　　　目标候选框团

图 3.4　候选框团示意图

定位随机性通常发生在得分高的候选框之间。在候选框团生成之前，首先通过候选框的置信度将低得分的候选框视为背景，只保留得分高的候选框集合 $\tilde{H}$ (经验设定为得分最高的 200 个候选框)，其中 $\tilde{H} \subseteq \mathcal{H}$。候选框团是高得分候选框集合 $\tilde{H}$ 的最小充分覆盖，满足如下关系：

$$\begin{cases} \bigcup_{c=1}^{C} H_c = \tilde{H} \\ H_c \bigcup H_{c'} = \varnothing, \quad c \neq c' \end{cases} \tag{3.2}$$

其中，$c, c' \in \{1, 2, \cdots, C\}$；$C$ 为候选框团的个数，其数值随着候选框生成过程动态变化。

对于一张输入图像，候选框团的生成过程分为以下步骤。

(1) 对所有候选框根据其预测置信度进行排序。

(2) 在候选框集合中选取最大置信度的候选框，并以该样本为候选框团的基准候选框。

(3) 计算所有候选框和基准候选框的交比并集(intersection over union，IoU)，选取 IoU 大于阈值 τ 的候选框。这些候选框和基准候选框形成一个候选框团 H_c。

(4) 从候选框集合中去除步骤(3)，得到候选框团中的所有候选框，形成新的候选框集合 $\tilde{H}$。

(5) 返回步骤(2)，直至候选框集合 $\tilde{H}$ 为空集。

3.2.2 全局最小熵隐模型

候选框团的引入可以起到搜集目标或目标部件信息的作用，为激活完整的目标区域提供良好的保证。然而，在弱监督模型训练过程中，目标候选框团的选取仍然具有随机性，如果模型没有成功地找到包含目标或者目标部件的候选框，那么完整目标区域的激活也会受到限制。因此，这里引入全局最小熵隐模型，用于以最小的随机性定位到目标候选框团。全局最小熵隐模型的定义如下：

$$\begin{aligned} H_c^* &= \arg\min_{H_c} E_{(X,Y)}(H_c, \theta) \\ &= \arg\min_{H_c} -\log_2 \sum_c p(y, H_c; \theta) \end{aligned} \tag{3.3}$$

其中，$p(y, H_c; \theta)$ 为候选框团 H_c 属于类别 y 的概率，是基于候选框得分 $s(y, h; \theta)$ 计算得到的，即

$$p(y,H_c;\theta)=\frac{\exp\left(1/|H_c|\sum_{h\in H_c}s(y,h;\theta)\right)}{\sum_c\sum_y\exp\left(1/|H_c|\sum_{h\in H_c}s(y,h;\theta)\right)} \tag{3.4}$$

其中，$|H_c|$ 为候选框团 H_c 中候选框的个数；候选框得分 $s(y,h;\theta)$ 通过深度卷积神经网络和目标候选框分支中的全连接层计算得到。

为了保证被发掘的候选框团除了包含目标和目标部件，还能用于区分正反例图像，这里进一步提出类别关联的权重 w_{H_c}。候选框的置信度和图像分类的置信度有很大的关联。基于这个先验信息，定义全局最小熵为

$$E_{(X,Y)}(H_c,\theta)=-\log_2\sum_c w_{H_c}p(y,H_c;\theta) \tag{3.5}$$

其中，候选框团的权重 w_{H_c} 定义为

$$w_{H_c}=\frac{p(y,H_c;\theta)}{\sum_y p(y,H_c;\theta)} \tag{3.6}$$

式(3.5)中定义的全局最小熵属于 AD(Acz'el and Dar'oczy)熵家族，并且是可导的。由式(3.6)可以看出，当 $y=1$ 时，$w_{H_c}\in[0,1]$。此时，w_{H_c} 和候选框团属于正例的得分是正相关的，并且与其他类别(反例)的得分是负相关的。

根据上述定义，将全局最小熵应用于深度卷积神经网络中的目标候选框团发现分支，其对应的损失函数定义为

$$\begin{aligned}L_{(X,Y)}(H_c,\theta)=&\,yE_{(X,Y)}(H_c,\theta)\\&-(1-y)\sum_h\log_2(1-p(y,h;\theta))\end{aligned} \tag{3.7}$$

对于正例图像，即当 $y=1$ 时，式(3.7)中等号右边第二项等于 0，此时只有全局最小熵模型被优化；对于反例图像，即当 $y=0$ 时，式(3.7)中等号右边第一项为 0，此时第二项(图像分类损失)被优化。在训练阶段，图像分类和目标定位熵均得到优化，这使模型不仅能够正确分类图像，还降低了训练过程中候选框团定位的随机性。

3.2.3 局部最小熵隐模型

由全局最小熵隐模型挖掘的目标候选框团可以为最终目标的定位提供良好的初始解，但是该初始解仍然可能包含随机噪声，如目标部件或包含背景的目标部件等。原因在于，全局最小熵隐模型的目标方程，也就是式(3.7)中模型的最终目标是选择最具有判别性的候选框团区分图像的类别，而没有关注目标定位是否准确。

这里进一步提出局部最小熵隐模型，用于对目标的位置精确定位。局部最小熵隐模型首先利用全局最小熵隐模型挖掘的目标候选框团，选取得分最高的候选框，即

$$h^* = \arg\min_{h \in H_c^*} E_{(X,Y,H_c^*)}(h,\theta) \tag{3.8}$$

其中，局部最小熵定义如下：

$$E_{(X,Y,H_c)}(h,\theta) = -\sum_{h \in \Omega_{h^*}} w_h p(y,h;\theta) \log_2 p(y,h;\theta) \tag{3.9}$$

局部最小熵同样属于 AD 熵家族且可导。在全局最小熵，即式(3.5)中，模型通过对全部候选框团的得分概率加和来预测图像类别的概率。与式(3.5)不同，局部最小熵——式(3.9)的作用是在局部范围区分每个候选框是否是目标或背景。w_h 为候选框 h 的权重，其定义为

$$w_h = \frac{\sum_{h \in \Omega_{h^*}} g(h,h^*) p(y,h;\theta)}{p(y,h;\theta) \sum_{h \in \Omega_{h^*}} g(h,h^*)} \tag{3.10}$$

其中，Ω_{h^*} 为最高得分候选框 h^* 的领域；$g(h,h^*) = e^{-a(1-O(h,h^*))^2}$ 为高斯核函数，其参数为 a，$O(h,h^*)$ 为候选框 h 和 h^* 的交集比并集，$O(h,h^*)$ 越大，也就是候选框 h 和 h^* 的空间位置越接近时，高斯核函数 $g(h,h^*)$ 越大，反之高斯核函数 $g(h,h^*)$ 越小。

可以看出，式(3.10)本质上定义了一种"软"候选框标号赋值策略。由实验可以观察到，该形式的标号赋值策略相比"硬"标号赋值策略，也就

是阈值策略，对噪声更加鲁棒。

根据式(3.9)，目标的定位损失函数定义为

$$L_{(X,Y,H_c)}(h,\theta) = E_{(X,Y,H_c^*)}(h,\theta) \tag{3.11}$$

根据式(3.10)中定义的权重 w_h 和 h^*，在空间位置上比较接近的候选框将趋向于与 h^* 同一类别；离 h^* 较远的候选框更倾向成为反例或者难反例。优化损失函数，也就是式(3.11)，随着局部最小熵在训练过程中逐渐变小，H_c^* 中目标候选框的定位结果越来越稀疏，并且背景逐渐被压制。

3.3 网络结构与实现

最小熵隐变量模型的实现需要结合深度卷积神经网络。如图 3.5 所示，首先通过卷积神经网络对全图提取特征，并在最后一个卷积层利用 ROI-Pooling 和两个全连接层对每一个候选框提取特征，其中候选框提取算法为选择搜索算法。以候选框特征为输入，后续加入一个候选框团划分模块和两个网络分支。第一个分支为候选框团挖掘分支。该分支利用全局最小熵隐模型，降低候选框团定位的随机性，并优化图像分类的损失函数，使在图像分类达到最优的同时，模型能够挖掘到目标候选框团。第二个分支为目标定位分支。该分支利用局部最小熵隐模型对目标的位置进行定位，通过将候选框划分为目标和难反例的形式，在训练过程中逐渐学会判别正反例候选框。

在优化过程中，最小熵隐变量模型引入了循环学习的策略。该策略将在 3.4 节详细介绍。如图 3.5 所示，该框架由基网、候选框团划分模块，以及两个用于候选框团挖掘和候选框定位的分支构成。这两个分支结构融合了特征学习，并加入循环优化的策略。M1、M2 和 M3 分别表示没有熵时的候选框得分图、全局和局部最小熵的候选框得分图。N 表示目标类别数。在网络的前向传播过程中，网络能够学习到稀疏且稳定的目标候选框。在网络的反向传播过程中，网络根据所选候选框的梯度更新参数。通过循环学习的方式，在目标定位分支中目标得分以循环的方式返回候选框团挖

掘分支中。在测试阶段，候选框团挖掘分支被删除，只保留候选框定位分支，因此测试阶段网络的速度优于监督框架中的 Fast RCNN。

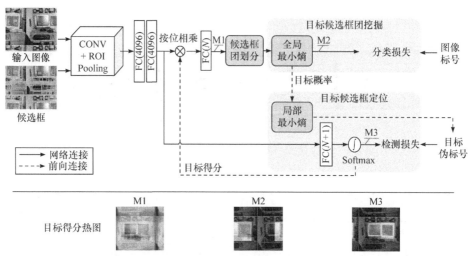

图 3.5　最小熵隐变量模型在深度学习框架中的实现

最小熵隐变量模型的目标是在训练的过程中将图像类别的监督信息迁移到目标位置，并在最小熵约束的前提下降低定位随机性。在训练过程中，引入循环学习的优化方式，使图像类别监督信息和目标位置之间的信息迁移更加鲁棒。

循环学习与累加循环学习的流程图如图 3.6 所示。循环学习的流程图如图 3.6(a)所示。图中实线箭头表示网络连接，虚线箭头表示该连接只前向传播，不反向传播。循环学习通过前向传播和反向传播的过程将图像类

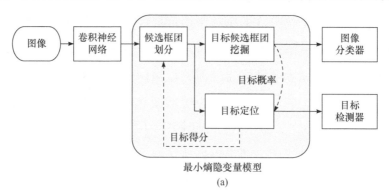

(a)

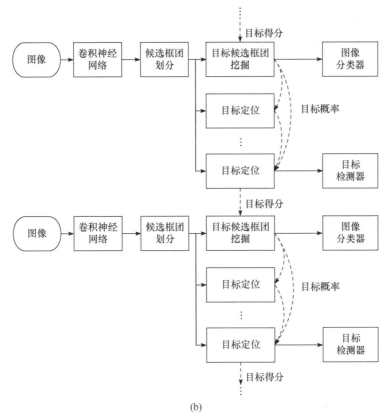

(b)

图 3.6　循环学习与累加循环学习的流程图

别监督信息逐渐迁移到目标位置。在前向传播过程中，通过全局最小熵隐模型的学习，网络挖掘到目标候选框团，并将候选框团中最大得分的候选框视为伪标号。

3.4　模　型　优　化

通过这种方式，图像类别标号的信息被迁移到目标位置。通过局部最小熵的学习，模型学习到更具有判别性的候选框分类模型，从而进一步加强了前一个分支迁移得到的目标位置信息，得到新的目标得分。在循环学习中，将该目标得分重新传递回前一个分支。具体的方式是将该得分作为权重，以按位相乘的方式对相应的候选框进行加权。通过这种方式，目标的判别性被引入全局最小熵模型，从而使全局最小熵模型能够在考虑目标判别性的同时学习图像分类，进而挖掘到新的目标候选框团。在反向传播过程中，目标候选框团挖掘分支和目标候选框挖掘分支在随机梯度下降(stochastic gradient descent，SGD)的框架中被联合优化。该过程如算法 3.1 所示。

算法 3.1：循环学习

输入：图像 $x \in X$，图像标号 $y \in Y$，候选框 $h \in \mathcal{H}$。

输出：网络参数 θ。

1. 初始化所有候选框的目标得分 $s(h) = s(y,h;\theta) = 1$；
2. 通过网络前向传播计算候选框特征 ϕ_h；
3. $\phi_h \leftarrow \phi_h \cdot s(h)$；
4. 候选框团划分：
5. $H_c \leftarrow$ 式(3.2)；   //划分候选框
6. 候选框团挖掘：
7. $H_c^* \leftarrow$ 式(3.5)；   //通过全局最小熵计算目标候选框团
8. $L_{(X,Y)}(H_c,\theta) \leftarrow$ 式(3.7)；   //计算损失函数
9. 目标候选框定位：
10. $h^* \leftarrow$ 式(3.8)；   //通过局部最小熵计算目标候选框
11. $L_{(X,Y,H_c)}(h,\theta) \leftarrow$ 式(3.11)；   //计算损失函数
12. 网络参数更新：
13. $\theta \leftarrow$ 式(3.7)和式(3.11)；
14. $s(h) \leftarrow$ 更新之后的网络参数 θ；
15. 若没有达到迭代终止条件，则返回第 4 行。

累加循环学习的流程如图 3.6(b)所示。与循环学习不同，累加循环学习通过引入多个目标定位分支，其中每个分支都能挖掘到一个目标候选框的结果。在前向传播的过程中，每个分支挖掘到的结果都累加到下一个分

支，作为下一个分支的伪标号。由于各个分支之间挖掘到的候选框可能不同，因此累加循环学习不但能定位到图像中的多个目标，而且能通过增加候选框样本的多样性增强弱监督模型的鲁棒性。

3.5　模型分析

通过引入候选框团的划分和循环学习策略，最小熵隐模型可以看作一种基于连续优化的方法。该方法有助于求解弱监督目标检测中的非凸优化问题。如图 3.7 所示，通过目标候选框团挖掘(预测过程)和目标候选框定位(校正过程)，原非凸函数的优化变成一个逐渐近似求解的过程。该过程以基于候选框团的模型为起点，逐渐转换成原来的基于候选框的目标方程。其中，近似的目标方程由候选框团划分构建，其近似的方式是对候选框团中候选框的概率取平均。

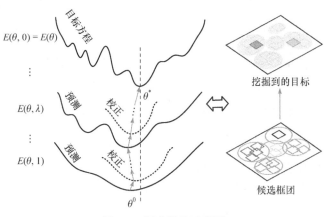

图 3.7　渐进优化示意图

对于一个复杂的非凸优化问题 $E(\theta)$，令 θ 表示模型的参数，优化 $E(\theta)$ 的目的是求解全局最优解 θ^*，即

$$\theta^* = \underset{\theta}{\arg\min}\, E(\theta) \tag{3.12}$$

然而，直接优化式(3.12)容易使模型陷入局部最优。为了更好地优化该模型，防止模型过早地陷入局部最优，这里引入式(3.12)的近似方程

$E(\theta;\lambda)$，通过渐进优化的方式求解该方程，即

$$E(\theta,\lambda) = E(\theta) - \lambda\mathcal{E}(\theta) \tag{3.13}$$

其中，参数 $\lambda\in[0,1]$ 控制近似方程的平滑程度；$\mathcal{E}(\theta)$ 为校正函数。

　　传统的基于预测-校正的渐进优化模型通常需要定义一组函数序列。该序列以 $(\theta^0,1)$ 为起点向最优解 $(\theta^*,0)$ 还原，其中 θ^0 是 $\lambda=1$ 时的模型参数。在训练过程中，如果 $E(\theta;\lambda)$ 是 $E(\theta)$ 的平滑，并且与 $E(\theta)$ 的解接近，那么根据预测-校正渐进优化策略，可将 $E(\theta;\lambda)$ 看作对 $E(\theta)$ 的一次预测。每次预测之后，只需对预测结果进行一次校正，取弥补预测函数平滑时造成的误差。这个过程可以通过定义一组预测和校正函数的形式迭代近似求解原复杂的非凸函数，并得到模型的解 θ^*。

　　在最小熵隐变量模型中，式(3.1)中定义的目标方程用于求解 $\{h^*,\theta^*\}$，即

$$E_{(X,Y)}(H_c,\theta) = E_{(X,Y)}(h,\theta) - \lambda E_{(X,Y,H_c)}(h,\theta) \tag{3.14}$$

与式(3.13)中定义的目标方程一致。$E_{(X,Y)}(H_c,\theta)$ 是基于候选框团定义的，可以看作原目标方程 $E_{(X,Y)}(h,\theta)$ 的近似(图 3.7)。该近似是通过候选框团划分构建，并对候选框团中候选框的概率取平均的方式完成的。这样可以通过将候选框的发掘问题转换成候选框团的挖掘问题，减小模型的求解空间，并通过平均目标概率的方式平滑目标方程。

　　在定义了近似目标方程之后，可以求解得到原目标方程的近似解，通过循环调用预测-校正渐进优化对近似解不断校正。近似方程 $E_{(X,Y)}(H_c,\theta)$ 和原方程 $E_{(X,Y)}(h,\theta)$ 的差异主要体现在，近似方程的目标是挖掘候选框团，原方程则是挖掘候选框，并且后者的定位结果包含在前者的定位结果中。该误差可以通过定义校正方程 $E_{(X,Y,H_c)}(h,\theta)$ 得到解决。校正方程的作用是辨别候选框团中的目标候选框和背景候选框。通过两个步骤的结合，原目标方程在循环优化的过程中逐渐被求解。

　　通过预测-校正渐进优化策略，原弱监督学习问题被分解为目标候选框团挖掘(预测)和目标定位(校正)两个子问题。原非凸优化目标函数被转

换成一个近似目标函数序列，使复杂的非凸优化问题更容易求解。

3.6　实验结果与分析

为了验证本章提出的最小熵隐模型的有效性，这里使用 VGGF(VGG-CNN-F)和 VGG16 作为实验的基础网络，在目前较为常用的目标检测的数据集 PASCAL VOC 2007、PASCAL VOC 2010、PASCAL VOC 2012，以及 ILSVRC 2013 和 MSCOCO 2014 中对本章提出的方法进行实验。下面介绍相关的实验设定、实验分析，以及与 state-of-the-art 方法的对比。

3.6.1　实验设定

1. 数据集

PASCAL VOC 数据集包含 20 个目标类别。VOC 2007 数据集包含 9963 张图像，其中 5011 张图像作为训练集和验证集，4952 张图像作为测试集。VOC 2010 数据集包含 19740 张图像，其中 10103 张图像作为训练集和验证集，9637 张图像作为测试集。VOC 2012 包含 22531 张图像，其中 11540 张作为训练集和验证集，10991 张图像作为测试集。ILSVRC 2013 数据集包含 200 个目标类别，其中 464278 张图像作为训练集，424126 张图像作为验证集，40152 张图像作为测试集。为了与之前的工作进行公平地对比，这里采用 RCNN 中的划分方式，将 ILSVRC 2013 中的验证集划分成两部分(val1 和 val2)，分别用于训练和测试。相比 PASCAL VOC 数据集而言，ILSVRC 2013 数据集虽然图像总数更多，但是单个类别的图像数量远少于 PASCAL VOC 数据集，因此非常具有挑战性。MSCOCO 2014 数据集包含 80 个目标类别，面临多目标、多类别和小目标等挑战。在 PASCAL VOC 和 ILSVRC 2013 数据集中，采用平均准确率(mean average precision, mAP)的评测方式。在 MSCOCO 2014 数据集中，采用基于多个 IoU 的 mAP 评测方式。

2. 评测标准

本章用到的评测标准有三种，即 mAP、正确定位(correct localization,

CorLoc)和 mAP@IoU。其中，PASCAL VOC 数据集目标检测中常用的 mAP 是 mAP@IoU 的特殊情况，即 mAP@0.5。下面介绍 mAP 和 CorLoc 两个评测标准。

1) mAP

在介绍 mAP 之前，需要介绍查全率和准确率。候选框定位结果的查全率就是所有定位结果真正定位到图像数据集中，目标占整个数据集中所有目标的比例。查全率越低，说明检测算法漏检的目标越多，反之漏检的目标越少。候选框的交集和并集示意图如图 3.8 所示。其中，候选框 O 表示目标物体，候选框 P 表示定位结果。图 3.8(a)阴影部分的区域 I 即 O 和 P 两个候选框的交集。图 3.8(b)阴影部分的区域 U 即 O 和 P 两个候选框的并集。候选框 P 和目标 O 的交比并集的计算公式为

$$\mathrm{IoU}(O, P) = I/U \tag{3.15}$$

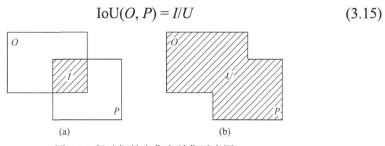

图 3.8　候选框的交集和并集示意图

在 PASCAL VOC 数据集中，当 IoU > 0.5 时，认为 P 定位到了目标，此时 P 为正例样本。在 MSCOCO 数据集中，P 定位到目标的标准会根据 IoU 阈值的大小变化。Recall 和 IoU 的关系可以表示为，当 Recall = 90% 时，数据集中有 90%的目标被检测算法定位，即 90%的目标的定位 IoU 均大于 0.5，其他 10%的目标的定位 IoU 小于 0.5。

准确率的计算与 IoU 有直接的关联。准确率表示检测算法定位的所有结果中，与目标候选框的 IoU 大于 0.5 的候选框占所有检测结果的比例。例如，整个数据集只有一个检测结果，并且该结果与目标的 IoU 大于 0.5，则检测算法的准确率为 100%。由此可以看出，准确率的评测标准并不关注整个数据集的目标是否全部被检测到，而是只关注检测器输出结果的正

确性。因此，这两个指标经常被一起用于检测性能的评测，即平均准确率 (average precision，AP)。以 PASCAL VOC 为例，检测算法 AP 的计算过程如下。

(1) 计算整个数据集的测试集中图像的所有候选框的检测得分。

(2) 根据检测得分，对所有候选框按得分从大到小的顺序进行排序。

(3) 根据 IoU 的阈值，判断候选框是否定位到某类目标，即 IoU > 0.5 为定位正确，反之，定位失败。

(4) 选取所有大于检测得分阈值 δ 的候选框，计算这些候选框的准确率。

(5) 将检测得分阈值 δ 按从大到小的顺序不断调整，根据(4)计算不同阈值下的准确率。

(6) 对上述准确率取平均，得到 AP。

(7) 重复上述步骤，计算对数据集中所有类别的 AP，对各个类别的 AP 取平均，得到整个数据集的 mAP。

2) CorLoc

CorLoc 用于评测训练过程中弱监督学习算法对目标的定位准确性。CorLoc 计算同样基于 IoU，具体计算过程如下。

(1) 对训练集中某一个类别的图像，计算所有图像候选框的得分。

(2) 对每张图像，取得分最高的候选框作为该图像的定位结果。

(3) 若图像的定位结果与图像中的任何一个目标的 IoU > 0.5，则算法对该图像定位准确。

(4) 计算该类别所有图像中定位准确的图像所占的比例，并将其作为该类别正确定位的性能。

(5) 对所有类别的正确定位性能取平均，得到整个数据集的正确定位性能。

3. 预训练模型

预训练模型采用的是目前比较主流的 VGG 网络，分别为 VGGF 和

VGG16。这两个模型均在 ILSCVR 2012 的图像分类任务中预训练。VGGF 和 AlexNet 的网络结构类似，拥有 5 个卷积层和 3 个全连接层。VGG16 拥有 13 个卷积层和 3 个全连接层。对于这两个基网，去掉最后一个空间最大池化层，用一个 ROI-Pooling 层替代。同时，去掉最后一个全连接层，用一个随机初始化的全连接层替代。该全连接层的节点个数和数据集类别个数对应。

4. 候选框生成算法

候选框生成算法采用选择搜索算法和 EdgeBoxes 算法。对于每张图像，算法大概生成 2000 个候选框。对于选择搜索算法，使用 fast 模式生成候选框。在训练过程中，去掉宽或高小于 20 个像素的候选框。

5. 训练参数

与众多弱监督目标检测算法一样，本书采用多尺度训练策略，在训练过程中将输入图像的长或宽随机缩放至下述 5 个尺度中的一个，即{480, 576, 688, 864, 1200}。同时，训练图像还会被随机左右翻转。测试时，将所有的 5 个尺度，包括翻转之后的图像共计 10 张图像的检测结果取平均，得到最终的检测结果。在循环学习过程中，使用随机梯度下降，其中动量参数为 0.9，权重衰减系数为 5×10^{-4}，单次输入图像的数量为 1。模型在整个数据集上共迭代 20 个周期(Epoch)，其中前 15 个周期的学习率为 5×10^{-3}，后 5 个周期的学习率为 5×10^{-4}。

3.6.2　候选框团的影响与分析

图 3.9 为候选框团挖掘和定位可视化。图 3.9(a)为不同颜色的框属于不同的候选框团，图 3.9(b)为候选框团和候选框的得分图。由图 3.9(a)可以看出，候选框团挖掘过程中，属于背景的候选框团得到抑制，而包含目标或目标局部的候选框团则被保留下来。通过该方式，目标候选框团包括目标区域和目标局部均在训练过程中参与网络的正向传播和反向传播，从而保证完整的目标区域被激活，如图 3.9(b)所示。

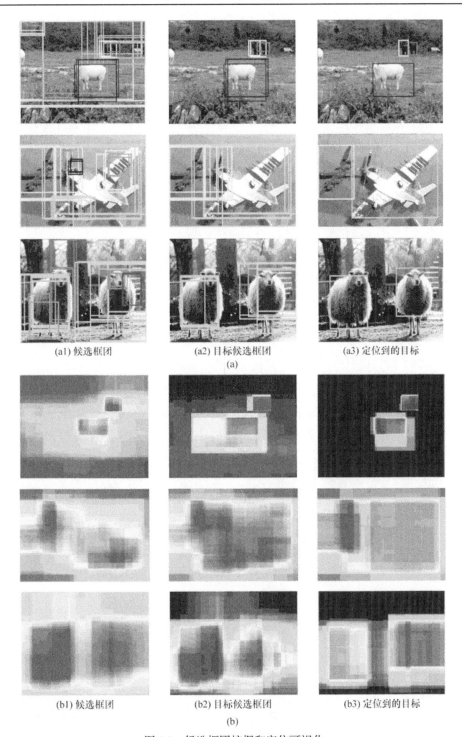

(a1) 候选框团　　　　　(a2) 目标候选框团　　　　　(a3) 定位到的目标

(a)

(b1) 候选框团　　　　　(b2) 目标候选框团　　　　　(b3) 定位到的目标

(b)

图 3.9　候选框团挖掘和定位可视化

以包含目标或目标局部的候选框团为基础，目标定位分支进一步压制背景和难反例，最终定位到的完整目标(图 3.9)呈现了训练过程中目标候选框团的演变过程。在训练初期(Epoch 2)，目标候选框包含目标和目标部件在内的候选框。通过该方式，完整目标区域的激活得到保证。在训练过程中，随着最小熵优化的迭代，目标候选框团中的背景和目标部件逐渐被抑制(Epoch 4)。最后，最小熵隐模型成功抑制背景和目标部件，并定位完整的目标(Epoch 20)。

3.6.3　定位随机性分析

本节对定位随机性的分析包括两个方面。

(1) 从量化的角度评价训练过程中的定位随机性，以及训练过程中最小熵优化的各项与定位随机性相关的数据和指标。

(2) 通过可视化训练过程中定位结果的变化，对定位随机性做定性分析。

1. 定位随机性的定量分析

在随机性分析中，用到熵、梯度、定位准确性和定位方差。候选框团在训练过程中的演变如图 3.10 所示，呈现了上述 4 个量在 PASCAL VOC 2007 数据集中训练，以及验证集训练最小熵隐变量模型的演变过程。由

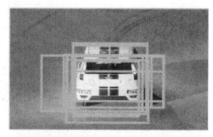

周期2 周期8
(a) (b)

周期20
(c)

图 3.10 候选框团在训练过程中的演变

图 3.10(a)可以看出，在网络优化的过程中，全局和局部最小熵均不断降低，这也意味着定位随机性在不断降低。

图 3.10(b)呈现的是全局和局部最小熵分支中全连接层的梯度。从梯度变化的角度可以看出，两个分支对网络特征在不同阶段的影响是不同的。在训练初期，全局最小熵模型的梯度大于局部最小熵的梯度，此时网络主

要聚焦于优化全局最小熵，能迅速压制背景并找到目标候选框团，以优化图像分类的损失。在训练后期，全局最小熵的梯度逐渐降低。此时，局部最小熵越来越占据主导地位。这意味着在训练后期，网络主要聚焦于优化局部最小熵，以训练目标定位模块(检测器)。

为了更全面地分析定位随机性在训练过程中的变化，本书进一步评测了模型在训练过程中的定位准确度和定位随机性。准确性的度量是该候选框与目标的标注候选框之间的 IoU。IoU 越大，表示该候选框定位越准确。对于每张图像，将所有高得分的候选框的定位准确性取加权平均，其中权重是候选框的概率，由此可以得到该图像的定位准确性。定位方差是定位准确性的加权方差。图 3.11(a)是熵的演变过程。图 3.11(b)是梯度的演变过程。图 3.11(c)是定位准确性的演变过程。图 3.11(d)是定位方差的演变过程。可以看出，最小熵隐变量模型(MELM)比 WSDDN 的定位准确性更高，并且定位方差比 WSDDN 更低。这个优势在训练后期更加明显。这个现象非常直观地说明，本章提出的方法在引入最小熵隐模型之后，定位随机性得到了很大的改善，模型在定位过程中的定位结果更加鲁棒，准确性也得到了提升。

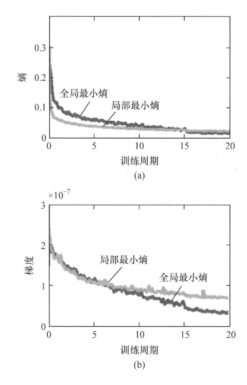

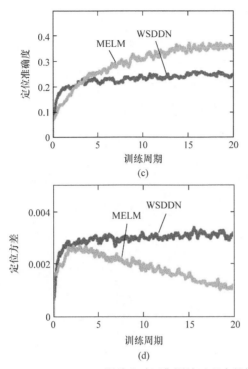

图 3.11　PASCAL VOC 2007 训练和验证集训练过程中的性能演变

2. 定位随机性的定性分析

通过可视化定位结果，这里进一步对比了本章提出的方法(MELM)和 WSDDN 的定位结果。图 3.12 展示了三张图像的定位结果随着训练过程的演变过程，其中黄色方框表示标注位置，蓝色方框为高得分候选框，白色方框为定位结果。可以看出，WSDDN 定位随机性较大，导致定位结果不稳定，最终定位失败。本章提出的方法通过最小熵优化，降低了定位随机性，定位结果更加一致，最终成功定位到目标。本章提出的最小熵隐变量模型极大地降低了定位结果的随机性，并取得比 WSDDN 更为准确的定位结果。以图 3.12 中的自行车为例，在训练初期，WSDDN 和最小熵隐变量模型均定位失败了。随着训练的进行，最小熵隐变量模型通过降低定位随机性，逐渐定位到目标；WSDDN 受到定位随机性的影响，定位结果不断地在目标和目标局部之间切换，导致其最终定位失败。

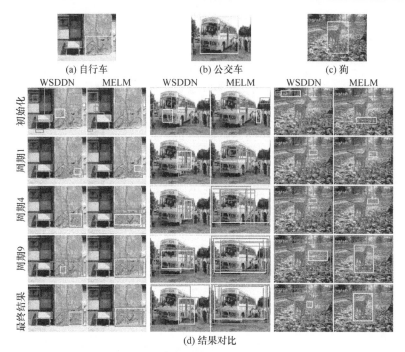

(d) 结果对比

图 3.12　MELM 和 WSDDN 的定位结果的对比

3.6.4　模型拆解分析

本节在 PASCAL VOC 2007 测试集上验证目标检测性能, 最小熵隐变量模型的拆解实验如表 3.1 所示。其中, MELM-base 为 31.5%; MELM-base + Clique 为 33.9%; MELM-D 为 33.6%; MELM-L 为 36.0%; MELM-D + RL 为 34.1%; MELM-L + RL 为 38.4%; MELM-D + ARL 为 37.4%; MELM-L1 + ARL 为 46.4%; MELM-L2 + ARL 为 47.3%。

表 3.1　最小熵隐变量模型的拆解实验

模型	方法	mAP/%
VGGF	MELM-base	31.5
	MELM-base + Clique	33.9
	MELM-D	33.6
	MELM-L	36.0
	MELM-D + RL	34.1
	MELM-L + RL	38.4
VGG16	MELM-base + Clique	29.5
	MELM-D	32.6

续表

模型	方法	mAP/%
VGG16	MELM-L	40.1
	MELM-D + RL	34.5
VGG16	MELM-L + RL	42.6
	MELM-D + ARL	37.4
	MELM-L1 + ARL	46.4
	MELM-L2 + ARL	47.3

下面从基准、候选框团的影响、最小熵模型拆解分析、循环优化、累加循环优化来介绍各模块对模型的影响。

1) 基准

基准是对式(3.7)中定义的全局最小熵的简化版，可以看作没有空间正则项的 WSDDN。该方法只有一个损失函数，就是最小化图像分类的损失函数。基准方法在表格中用 MELM-base 表示。在使用 VGGF 时，该方法的 mAP 是 31.5%。

2) 候选框团的影响

通过将候选框根据其空间位置和类别关联划分成候选框团后，本节将基准方法 MELM-base 改进成 MELM-base+Clique。由表 3.1 可以看出，引入候选框团策略后，弱监督模型的性能从 31.5%提升到 33.9%(提升 2.4%)。这是因为，候选框团的引入可以降低隐变量求解的解空间，减少候选框之间的冗余，因此有助于定位到更好的目标位置。对于候选框团划分阈值 τ，本节对其做了分析实验，并将候选框团划分阈值 τ 对最小熵隐变量模型影响的实验结果呈现在表 3.2 中。可以看出，当 τ 取值范围为 0.5~0.7 时，检测性能最好。在后续的实验中，τ 的取值都设定为 0.7。

表 3.2　PASCAL VOC 2007 验证集上的目标检测性能

τ	mAP/%
0.1	32.6
0.3	34.3
0.5	34.4
0.7	35.3

	续表
τ	mAP/%
0.9	33.5
1	34.4

3) 最小熵模型拆解分析

这里将最小熵隐变量模型的目标候选框团挖掘和目标候选框定位两个分支分别表示为 MELM-D 和 MELM-L。在训练过程中，只讲两个分支级联，而不是用循环优化策略。由表 3.1 可以看出，当使用 VGGF 时，目标候选框团挖掘和目标候选框定位两个分支分别取得 33.6%和 36.0%的 mAP。这比基准模型的性能分别提升 2.1%和 4.5%。当使用 VGG16 时，MELM-L 对比 MELM-base-Clique 的提升非常显著，检测性能从 29.5%提升到 40.1%，共提升 10.6%。这充分验证了最小熵模型的引入对弱监督检测模型起到非常关键的作用。

4) 循环优化

循环优化的结果在表 3.1 中表示为 MELM-D+RL 和 MELM-L+RL，分别对应目标候选框团挖掘和目标候选框定位两个分支在循环优化框架中的检测性能。由表 3.1 可以看出，这两个分支分别取得 34.1%和 38.4%的性能。相比不使用循环优化的 MELM-D 和 MELM-L，循环优化的引入分别提升两个分支 0.5%和 2.4%的性能。当使用 VGG16 作为基网时，MELM-D+RL 和 MELM-L+RL 两个分支分别取得 34.5%和 42.6%的性能。相比不使用循环优化的 MELM-D 和 MELM-L，循环优化的引入分别提升 1.9%和 2.5%。这些性能的提升也验证了循环学习的有效性。循环学习通过循环交换两个分支的定位置信度，使两个分支的性能同时得到提升。

5) 累加循环优化

累加循环学习的结果在表 3.1 中表示为 MELM-D+ARL、MELM-L1+ARL 和 MELM-L2+ARL，分别对应目标候选框团挖掘和多个目标候选框定位分支。在训练过程中，前一个分支的最高得分以伪标注的形式累加传递到下一个分支。当使用两个目标候选框定位分支时，MELM-L1+ARL 的性能达到 46.4%，相比 MELM-L+RL 提升 3.8%，而 MELM-L2+ARL 的性能进一步提升到 47.3%。

3.6.5　实验结果与对比

PASCAL VOC 是一个包含 20 个类别的目标检测数据集合，其中训练图像、验证图像与测试图像各有 5000 幅左右。在该数据集中，aero、bike、bird、boat、bttle、bus、car、cat、char、cow、tble、dog、hrse、mbke、prsn、plnt、shep、sofa、train、tv 分别表示飞机、自行车、鸟、船、瓶子、公共汽车、小汽车、猫、椅子、奶牛、桌子、狗、马、摩托车、人、植物、羊、沙发、火车、电视目标类别。对于 PASCAL VOC 数据集，本节采用目标检测性能、目标定位性能和图像分类性能进行评测对比。

1. 弱监督目标检测

PASCAL VOC 2007 测试集上的检测性能如表 3.3 所示。这里将提出的最小熵隐变量模型和已提出的具有代表性的方法做对比。在 PASCAL VOC 2007 数据集上，本章提出的最小熵隐变量模型使用 VGGF 和 VGG16 分别取得 38.4% 和 47.3% 的性能。其中，使用 VGG16 模型得到的 mAP 性能比已提出的具有代表性的方法 OICR、Self-Taught、WCCN、WeakRPN、TS^{2}C 提升 6.1%(47.3%−41.2%)、5.6%(47.3%−41.7%)、4.5% (47.3%− 42.8%)、3.0% (47.3%−44.3%)、2.0%(47.3%− 45.3%)。对于具有挑战的弱监督目标检测任务而言，这些性能上的提升十分显著。同时，这里也评测了多模型的装配(记为 MELM-Ens)，使用 VGGF 和 VGG16 上结果的平均，取得 47.8% 的性能。相比 OICR 的多模型装配 OICR-Ens.，MELM-Ens.的性能要高出 5.8%。为了更进一步验证本书提出方法的性能，将 VGG16 模型的检测结果当成标注信息，以 ResNet101 网络为基网，训练 Fast-RCNN 检测器，性能达到了 49.0%。

表 3.3　PASCAL VOC 2007 测试集上的检测性能　　　　　　(单位：%)

模型	方法	aero	bike	bird	boat	bttle	bus	car	cat	char	cow
VGGF	MILinear[19]	41.3	39.7	22.1	9.5	3.9	41.0	45.0	19.1	1.0	34.0
	Multi-fold[15]	39.3	43.0	28.8	20.4	8.0	45.5	47.9	22.1	8.4	33.5

续表

模型	方法	aero	bike	bird	boat	bttle	bus	car	cat	char	cow
VGGF	PDA[59]	49.7	33.6	30.8	19.9	13.0	40.5	54.3	37.4	**14.8**	39.8
	LCL+Cont[41]	48.9	42.3	26.1	11.3	11.9	41.3	40.9	34.7	10.8	34.7
	WSDDN[57]	42.9	56.0	32.0	17.6	10.2	61.8	50.2	29.0	3.8	36.2
	ContextNet[62]	**57.1**	52.0	31.5	7.6	11.5	55.0	53.1	34.1	1.7	33.1
	WCCN[58]	43.9	**57.6**	**34.9**	**21.3**	14.7	**64.7**	52.8	34.2	6.5	41.2
	OICR[63]	53.1	57.1	32.4	12.3	15.8	58.2	56.7	**39.6**	0.9	44.8
	MELM	56.4	54.7	30.9	21.1	17.3	52.8	**60.0**	36.1	3.9	**47.8**
VGG16	WSDDN[57]	39.4	50.1	31.5	16.3	12.6	64.5	42.8	42.6	10.1	35.7
	PDA[59]	54.5	47.4	**41.3**	20.8	**17.7**	51.9	63.5	46.1	21.8	57.1
	OICR[63]	**58.0**	62.4	31.1	19.4	13.0	65.1	62.2	28.4	24.8	44.7
	Self-Taught[61]	52.2	47.1	35.0	26.7	15.4	61.3	66.0	**54.3**	3.0	53.6
	WCCN[58]	49.5	60.6	38.6	**29.2**	16.2	**70.8**	56.9	42.5	10.9	44.1
	TS²C[66]	59.3	57.5	43.7	27.3	13.5	63.9	61.7	59.9	24.1	46.9
	WeakRPN[64]	57.9	70.5	37.8	5.7	21.0	66.1	69.2	59.4	3.4	57.1
	MELM	55.6	**66.9**	34.2	29.1	16.4	68.8	**68.1**	43.0	**25.0**	65.6
装配	OICR-Ens.[63]	58.5	63.0	35.1	16.9	17.4	63.2	60.8	34.4	8.2	49.7
	MELM-Ens.	**60.3**	65.0	**39.5**	29.0	17.5	66.1	66.4	44.8	18.6	59.0

模型	方法	tble	dog	hrse	mbke	prsn	plnt	shep	sofa	train	tv	mAP
VGGF	MILlinear[19]	16.0	21.3	32.5	43.4	**21.9**	19.7	21.5	22.3	36.0	18.0	25.4
	Multi-fold[15]	23.6	29.2	38.5	47.9	20.3	20.0	35.8	30.8	41.0	20.1	30.2
	PDA[59]	9.4	28.8	38.1	49.8	14.5	**24.0**	27.1	12.1	42.3	39.7	31.0
	LCL+Cont[41]	18.8	34.4	35.4	52.7	19.1	17.4	35.9	33.3	34.8	46.5	31.6
	WSDDN[57]	18.5	31.1	45.8	54.5	10.2	15.4	36.3	45.2	50.1	43.8	34.5
	ContextNet[62]	**49.2**	**42.0**	47.3	56.6	15.3	12.8	24.8	**48.9**	44.4	47.8	36.3
	WCCN[58]	20.5	33.8	47.6	56.8	12.7	18.8	**39.6**	46.9	**52.9**	45.1	37.3
	OICR[63]	39.9	31.0	**54.0**	**62.4**	4.5	20.6	39.2	38.1	48.9	48.6	37.9
	MELM	35.5	28.9	30.9	61.0	5.8	22.8	38.8	39.6	42.1	**54.8**	**38.4**
VGG16	WSDDN[57]	24.9	38.2	34.4	55.6	9.4	14.7	30.2	40.7	54.7	46.9	34.8
	PDA[59]	22.1	34.4	50.5	61.8	16.2	**29.9**	40.7	15.9	55.3	40.2	39.5
	OICR[63]	30.6	25.3	37.8	65.5	15.7	24.1	41.7	46.9	**64.3**	62.6	41.2
	Self-Taught[61]	24.7	43.6	48.4	65.8	6.6	18.8	51.9	43.6	53.6	62.4	41.7
	WCCN[58]	29.9	42.2	47.9	64.1	13.8	23.5	45.9	54.1	60.8	54.5	42.8
	TS²C[66]	36.7	45.6	39.9	62.6	10.3	23.6	41.7	52.4	58.7	56.6	44.3
	WeakRPN[64]	57.3	35.2	**64.2**	**68.6**	**32.8**	28.6	50.8	49.5	41.1	30.0	45.3
	MELM	**45.3**	**53.2**	49.6	**68.6**	2.0	25.4	**52.5**	**56.8**	62.1	57.1	**47.3**

续表

模型	方法	aero	bike	bird	boat	bttle	bus	car	cat	char	cow
装配	OICR-Ens.[63]	41.0	31.3	51.9	64.8	13.6	23.1	41.6	48.4	58.9	58.7	42.0
	MELM-Ens.	**48.4**	**53.2**	**53.0**	**67.2**	11.0	**26.5**	**50.0**	**55.7**	**63.1**	**62.4**	**47.8**

注：PDA-渐进的域适应(progressive domain adaptation)；LCL-隐含类学习(latent category learning)。表中加粗数据表示最优值，下同。

表 3.4 在 VOC 2010 和 VOC 2012 两个数据集上对比实验性能。可以看出，最小熵隐变量模型基本上超过所有对比方法。在 VOC 2010 数据集中，当使用 VGGF 时，大幅超过 WCCN 7.5%(36.3%-28.8%)的性能；当使用 VGG16 时，检测结果是可比的。在 VOC 2012 数据集上，当使用 VGGF 时，分别超过 WCCN 和 OICR 8.0%和 1.8%；当使用 VGG16 时，分别超过 WCCN、Self-Taught、OICR、TS^{2}C 4.5%(42.4%-37.9%)、4.1%(42.4% -38.3%)、4.5%(42.4%-37.9%)、2.4%(42.4%-40.0%)。在 VOC 数据集的 20 个类别中，bike、cow、tble、dog 分别提升 4.5%、8.5%、14.7%、9.6%。实验充分验证了模型的有效性。

表 3.4　PASCAL VOC 2010-2012 和 ILSVRC2013 上的检测性能对比

数据集合	模型	方法	数据集划分	mAP/%
PASCAL VOC 2010	VGGF/ AlexNet	PDA[59]	train/val	21.4
		WCCN[58]	trainval/test	28.8
		MELM	train/val	**35.6**
		MELM	trainval/test	**36.3**
	VGG16	PDA[59]	train/val	30.7
		WCCN[58]	trainval/test	39.5
		MELM	train/val	**37.1**
		MELM	trainval/test	**39.9**
PASCAL VOC 2012	VGGF/ AlexNet	PDA[59]	train/val	22.4
		MILinear[19]	train/val	23.8
		WCCN[58]	trainval/test	28.4
		ContextNet[62]	trainval/test	35.3
		OICR-VGGM[63]	trainval/test	34.6

续表

数据集合	模型	方法	数据集划分	mAP/%
PASCAL VOC 2012	VGGF/ AlexNet	MELM	train/val	**36.2**
		MELM	trainval/test	**36.4**
	VGG16	PDA[59]	train/val	29.1
		Self-Taught[61]	train/val	39.0
		WCCN[58]	trainval/test	37.9
		OICR[63]	trainval/test	37.9
		Self-Taught[61]	trainval/test	38.3
		TS²C[59]	trainval/test	40.0
		MELM	train/val	**40.2**
		MELM	trainval/test	**42.4**
ILSVRC 2013	VGGF/ AlexNet	MILinear[19]	—	9.6
		PDA[59]	val1/val2	7.7
		WCCN[58]	—	9.8
		MELM	val1/val2	**13.4**

然而,尽管最小熵隐变量模型对各个VOC数据集检测性能提升很大,但是在prsn(person)这个类别却出现较大的性能下降。这是因为prsn类别是弱监督目标检测任务中最具有挑战的类别之一。该类别中不同目标之间往往有非常大的差异,如服装、姿态和遮挡等情况。同时,prsn类别目标的定义也导致很多同类目标的不一致。例如,prsn类别的目标在图像中可能是行人、上半身肖像,甚至是人脸。其类别定义的模糊性也导致模型在学习该类别特征时的不准确性。为了稳定而准确地定位到prsn类别目标,算法只能选取其最稳定的判别区域,该区域通常就是人脸。尽管prsn这个类性能降低了,但是其他的类别的性能均有大幅提升。

对于很多外观差异非常大的目标类别,算法通常能够正确分类目标,但是却不能完全准确地定位目标。通常定位结果和目标真实位置的IoU小于0.5。为了进一步验证算法的定位能力,这里使用点定位的评测。点定位的评测过程和CorLoc类似,唯一的区别是,CorLoc是判断图像中最高得分的候选框是否定位到目标,而点定位则是评断最高得分的像素点是否落在目标候选框的范围内。通过评测点定位发现，对于 prsn 这个类别，点定位的性能达到 97.1%。这也表明，算法在定位要求较低的场合的有较大的应用潜力。

如图 3.13 所示，白色框表示目标真实位置，灰色框表示检测结果正确，黑色框表示检测失败。由实验结果可以看出，最小熵隐变量模型能够准确定位到复杂背景中的目标，并且能够检测到单张图像中的多个目标，说明其具有很好的判别性。

图 3.13　PASCAL VOC 2012 和 MSCOCO 2014 数据集的检测结果

2. 弱监督目标定位

弱监督目标定位的评测在 PASCAL VOC 2007 训练验证集(trainval)上完成，其目的是评测模型在训练过程中对目标定位的准确度。如表 3.5 所示，当使用 VGGF 作为基网时，最小熵隐变量模型分别超过 WSDDN 4.2%(58.4%-54.2%)、WCCN 5.8%(58.4%-52.6%)；当使用 VGG16 作为基网时，最小熵隐变量模型分别超过 WSDDN 7.9%(61.4%-53.5%)、WCCN 4.7%(61.4%-56.7%)。值得注意的是，对于 bus、car、chair、table 这些类，最小熵隐变量模型超过已提出的具有代表性的方法 7%～15%。这充分验证了，使用候选框团的最小熵隐变量模型比对 WCCN 中引入分割策略的方法更为有效。

表 3.5　PASCAL VOC 2007 上的目标定位性能

模型	方法	mAP/%
VGGF/AlexNet	MILinear[19]	43.9
	LCL+Context[41]	48.5
	PDA[59]	49.8
	WCCN[58]	52.6
	Multi-fold MIL[15]	54.2
	WSDDN[57]	54.2
	ContextNet[62]	55.1
	MELM	**58.4**
VGG16	PDA[59]	52.4
	WSDDN[57]	53.5
	WCCN[58]	56.7
	MELM	**61.4**

3. 图像分类

在本章提出的最小熵隐变量模型中，目标候选框团挖掘和目标样本定位模块能够抑制背景，激活更完整的目标区域。这些特点同样有助于正确分类图像。表 3.6 评测了最小熵隐变量模型在 PASCAL VOC 2007 上的图像分类性能。当使用 VGGF 时，图像分类的性能达到 87.8%；当使用 VGG16 时，图像分类的性能高达 93.1%，比 WSDDN 和 WCCN 分别高出 3.4%和

2.2%。值得注意的是，使用 VGG16 的最小熵隐变量模型的图像分类性能比 VGG16 单独训练图像分类时的性能提升 3.8%。

表 3.6　PASCAL VOC 2007 测试集上的图像分类性能

模型	方法	mAP/%
VGGF/ AlexNet	MILinear[19]	72.0
	AlexNet[31]	82.4
	WSDDN[57]	85.3
	WCCN[58]	**87.8**
	MELM	**87.8**
VGG16	VGG16[32]	89.3
	WSDDN[57]	89.7
	WCCN[58]	90.9
	MELM	**93.1**

4. ILSVRC 2013 和 MSCOCO 2014 数据集的实验结果和对比

除了 PASCAL VOC 数据集，本书还在大规模数据集 ILSVRC 2013 和 MSCOCO 2014 上进行了实验对比。在拥有 200 个目标类别的 ILSVRC 2013 数据集上，使用 VGGF 作为基网的最小熵隐变量模型取得 13.4%的检测性能，超过 WCCN 3.6%。在 MSCOCO 2014 数据集中，评测了图像分类、点定位和目标检测的性能。图像分类的评测标注包括宏/微准确率(记为 P-C 和 P-O)、宏/微召回率(记为 R-C 和 R-O)和宏/微 F1-测度(记为 F1-C 和 F1-O)。如表 3.7～表 3.9 所示，最小熵隐变量模型的图像分类性能比软定位网络(soft proposal network, SPN)的性能高 23.1%(79.1%-56%)，点定位性能比 SPN 高 9.8%(65.1%-55.3%)，同时检测性能也超过 WSDDN 的检测性能。

表 3.7　MSCOCO 2014 上的分类性能

方法	分类性能/%						
	mAP	F1-C	P-C	R-C	F1-O	P-O	R-O
CAM [33]	54.4	—	—	—	—	—	—
SPN[38]	56	—	—	—	—	—	—

续表

方法	分类性能/%						
	mAP	F1-C	P-C	R-C	F1-O	P-O	R-O
ResNet-101[38]	75.2	69.5	80.8	63.4	74.4	82.2	68
MELM-VGG16	79.1	72	79.3	68.6	76.8	82.5	71.9

注: CAM-类别激活图(class activation map)。

表 3.8 MSCOCO 2014 上的定位性能

方法	mAP/%
WeakSup[35]	41.2
Pronet[63]	43.5
DFM[43]	49.2
SPN[38]	55.3
MELM	65.1

注: DFM-形变模型(deformable feature model)。

表 3.9 MSCOCO 2014 上的检测精度

方法	网络模型	mAP@0.5/%	mAP@[0.5,0.95]/%
WSDDN[57]	VGGF	10.1	3.1
MELM	VGGF	11.9	4.1
	VGG16	18.8	7.8

3.7 本 章 小 结

本章提出一种有效的深度学习模型,即最小熵隐变量模型,用于弱监督目标检测任务。最小化熵能减少系统的随机性,通过引入最小熵隐变量模型,算法在训练阶段的定位随机性得到降低,因此能够更稳定地学习目标特征,提升目标定位的准确性。最小熵隐变量模型的贡献如下。

(1) 采用深度神经网络结合最小熵隐变量模型可以更有效地挖掘目标候选框,并最小化学习过程中的定位随机性。

(2) 采用候选框团能够更好地搜集目标的信息,并激活完整的目标区域,从而更准确地检测目标。

(3) 利用循环学习算法分别将图像分类和目标检测看作预测器(predictor)和校正器(corrector),并利用连续优化的方法解决非凸优化问题。

(4) 在 PASCAL VOC 数据集上可以取得当前最好的分类、定位和检测性能。

第 4 章 渐进多示例学习

传统的弱监督目标检测模型通常采用多示例学习框架及其改进框架，而该框架的目标方程往往是非凸的。目标方程非凸可能造成模型在优化过程中陷入局部最优。另外，对于弱监督目标检测任务而言，多示例学习的优化目标是图像分类，而非目标检测。图像分类的框架会造成网络聚焦到最具有判别性的区域。该区域通常只是目标区域的局部。模型非凸和容易聚焦到目标局部，使得传统的弱监督目标检测算法容易陷入局部最优，从而错误地定位到背景或者目标局部。

最小熵隐变量模型以凸正则的形式在一定程度上可以缓解弱监督框架的非凸优化。此外，还有一些研究人员通过引入空间先验、上下文信息和分类器精调等正则项的方式缓解模型非凸造成的影响。然而，对于如何系统性地处理模型的非凸问题，从优化的角度解决弱监督目标检测容易陷入局部最优的问题等仍然缺乏研究。

本章将渐进优化的方法引入多示例学习的框架，提出利用渐进多示例学习模型来解决弱监督目标检测的非凸优化问题。多示例学习和渐进多示例学习的对比如图 4.1 所示。其中，图 4.1(b)是传统的多示例学习示意图。可以看出，目标/损失函数是非凸的，模型在训练的过程中容易陷入局部最优，从而导致最终定位到目标的最具有判别行的局部(浅色方框为定位结果)。分析发现，多示例学习框架之所以容易陷入局部最优，是因为模型在训练过程中需要选择最具有判别性的一个示例(候选框)，并使用该候选框去区分图像的标号。对于目标整体而言，目标具有判别性的局部模式更加稳定，更有利于图像分类，因此更容易在学的过程中被选中。该过程往往在训练初期就已经发生，而弱监督目标检测算法因为缺乏精确的位置标注信息，无法去除这些定位错误的目标局部，导致这些定位不准确的目标候选框在后续的训练过程中被保留下来，并对模型的训练造成持续的负面影响。为了避免这个问题，本书引入渐进优化的学习方式，如图 4.1(a)所示。对传统的多示例学习框架而言，渐进多示例学习方法没有直接选择候选框去优化图像分类，而是首先对候选框进行划分，然后使用划分之后的候选框子集去优化图像分类。通过这种方式避免模型的定位结果陷入某一个目标局部。连续优化的思路是，将一个复杂的非凸优化问题用一个凸函数近似，然后通过一个连续变量控制该凸函数与原函数的近似程度，在训练的过程中逐渐从与该原函数近似的凸函数还原成原本就复杂的非凸函数，如图 4.1(a)所示。对原函数的近似则通过对候选框的动态划分来完成。当一张图像中所有的候选框均被划分到一个子集时，原函数退化为单纯分类函数，此时目标方程为凸函数。通过对候选框子集划分系数的逐渐调整，候选框逐渐被划分成多个子集，在训练过程中，这个划分不断地被调整，使最终候选框子集的个数和图像中候选框的个数相同。也就是说，每个候选框子集只包含一个候选框，此时的目标方程和原多示例学习方程一致。通过这种方式，渐进多示例学习能够以一个和原目标方程近似的凸函数为起点，通过渐进优化的方式逐渐逼近原函数，使优化问题更容易求解，模型对非凸问题更鲁棒。

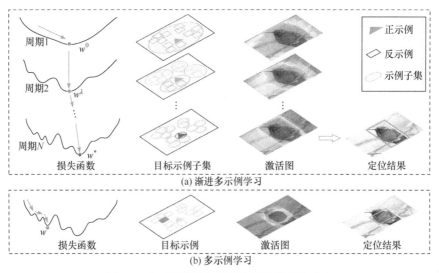

图 4.1　多示例学习和渐进多示例学习的对比

4.1　多示例学习回顾

在多示例学习框架中，图像被看作一个示例包，而图像中的候选框被看作一个示例。多示例学习的目标是在只给定示例包标号的情况下，学习关于示例的分类器。其中，示例包分为正示例包和反示例包，示例分为正示例和反示例。其关系是，若示例包中至少有一个正示例，则该示例包为正示例包；只有当示例包中的全部示例均为反示例时，该示例包为反示例包。为了能更加清晰地对多示例学习的问题进行建模和分析，下面介绍符号表示。

$B_i \in \mathcal{B}$：示例包(图像) B_i 属于示例包集合(图像数据集合) $\mathcal{B}$。

$B_{ij} \in B_i$：示例(候选框) B_{ij} 是示例包 B_i 中的一个示例。

$y_i \in Y$：示例包标号 y_i 取值范围为标号集合 $Y = \{1, -1\}$，其中 $y_i = 1$ 表示示例包中包含正示例(目标)，即正例图像；$y_i = -1$ 表示图像中不包含正示例，即反例图像。

$y_{ij} \in Y$：示例标号 y_{ij} 的取值范围为标号集合 $Y = \{1, -1\}$，其中 $j \in \{1, 2, \cdots, N\}$，$N$ 是示例包 B_i 中示例的个数。其中 $y_{ij} = 1$ 表示图像中包含感兴趣的目标，即正例图像；$y_{ij} = -1$ 表示图像中不包含感兴趣的目标，即反例图像。

w：模型的参数。

$L(\cdot)$：损失函数。

与第 3 章的符号体系不同，本章的符号表示侧重于表示示例(候选框)和示例包(图像)之间的关系，因此采用双索引的方式，使该关系一目了然。第 3 章的符号体系侧重表示隐变量，因此使用单独的符号突出隐变量在学习过程中的作用。

根据上述定义，多示例学习在弱监督目标检测中的学习过程可以总结为示例挖掘和检测器(示例分类器)学习两个步骤。

1. 示例挖掘

正示例挖掘的步骤是学习一个示例的挖掘器 $f(B_{ij}, w_f)$，其参数为 w_f，用该挖掘器从示例包中挖掘到正示例(目标) B_{ij^*}，即

$$B_{ij^*} = \arg\max_j f(B_{ij}, w_f) \tag{4.1}$$

其中，j^* 为示例包 B_i 中的最高得分示例的索引。

多示例学习与渐进多示例学习的激活对比如图 4.2 所示。

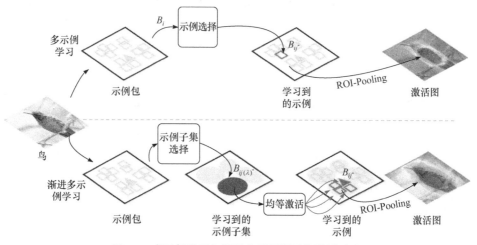

图 4.2　多示例学习与渐进多示例学习的激活对比

多示例学习只选择一个示例用于图像分类，当该示例为目标局部时，容易只激活目标局部。渐进示例学习通过引入示例子集，每次随机选择一个示例集合，因此更容易激活目标整体。利用最高得分的示例样本，可以通过不用示例之间的空间位置关系，将其余示例划分为正示例和反示例。其中，两个示例之间的空间位置关系通过其对应候选框之间的 IoU 衡量。

2. 检测器学习

检测器的学习过程是利用示例挖掘步骤挖掘到的示例样本训练检测器 $g_z(B_{ij}, B_{ij}^*, w_g)$，其中 $z \in Y$，w_f 和 w_g 分别是示例挖掘器和检测器的参数。

在传统多示例学习框架中，示例挖掘器 $f(\cdot)$ 和检测器 $g(\cdot)$ 是同一模型并享有相同的参数。在训练过程中，这两个部分交替迭代，直到所有的示

例标号不再更新。每次利用示例挖掘得到示例样本之后，模型的参数都会重置为随机初始化。

　　然而，在深度学习框架中，这种学习方式十分耗时耗力。为了能够更容易地训练多示例学习模型，这里将示例挖掘器 $f(\cdot)$ 和检测器 $g(\cdot)$ 定位为两个互相独立的模型，并将其加入同一个网络的不同分支中，使两个模型既能独立学习，又能相互配合。深度框架中的多示例学习损失函数定义为

$$L(\mathcal{B}, w) = \sum_i L_f(B_i, w_f) + L_g(B_i, B_{ij}^*, w_g) \tag{4.2}$$

其中，等号右侧第一项为目标示例挖掘的损失函数，即

$$L_f(B_i, w_f) = \max\left(0, 1 - y_i \max_j f(B_{ij}, w_f)\right) \tag{4.3}$$

该损失函数为标准的 hingle 损失函数。等号右侧第二项为检测器的损失函数，即

$$L_g(B_i, B_{ij*}, w_g) = -\sum_z \sum_j \delta_{z, y_{ij}} \log_2 g_z(B_{ij}, w_g) \tag{4.4}$$

其中，$\delta_{z, y_{ij}}$ 为克罗内克函数，当 $z = y_{ij}$ 时其值为 $\delta_{z, y_{ij}} = 1$，否则为 $\delta_{z, y_{ij}} = 0$；示例的标号 y_{ij} 根据 PASCAL 中的正反例区分标准定义为

$$y_{ij} = \begin{cases} 1, & \text{IoU}(B_{ij}, B_{ij*}) \geq 0.5 \\ -1, & \text{其他} \end{cases} \tag{4.5}$$

　　在训练过程中，网络通过式(4.2)定义的损失函数联合优化，最终得到关于示例的分类器，即目标检测器。

4.2　非凸分析

　　在对损失函数式(4.2)进行凸性分析之前，给定两个结论。

　　(1) 线性函数是凸函数。

　　(2) 对若干个凸函数取最大，得到的函数仍为凸函数。

　　由上述结论可以看出，当 $y_i = -1$ 时，式(4.3)是凸函数；当 $y_i = 1$ 时，式(4.3)是非凸的。由于式(4.3)是式(4.2)中的一项，因此可以推断出式(4.2)

是非凸的。非凸的目标方程会导致模型在训练时陷入局部最优，影响目标示例挖掘的准确性，进而影响检测器的学习。这个问题是目前弱监督视觉目标检测中的一个关键问题，主要影响算法在正示例包中对正示例的挖掘。

根据上述分析，传统多示例学习的方法中存在以下两个待解决的问题。

(1) 如何优化多示例学习的非凸目标方程，并尽可能找到全局最优解。

(2) 在示例挖掘器还没有训练充分时，也就是训练初期，如何避免挖掘错误的示例。

4.3 渐进多示例学习

为了解决以上问题，本书提出渐进多示例学习。在渐进多示例学习中，没有直接使用正则项优化原来的损失函数，而是直接从优化的角度解决这一问题。在弱监督目标检测中，通过引入候选框子集，对原始候选框集合进行划分，将原来多示例学习挖掘示例的过程转变成挖掘示例子集的过程，以此对式(4.3)进行平滑。通过逐渐调整示例子集的大小，定义一个函数序列逐渐逼近原始的非凸目标方程。

渐进多示例学习采用传统的渐进优化策略。渐进优化的思想是追溯一组明确定义的平滑函数序列的轨迹。该轨迹从一个初始点 $(w^0, 0)$ 到结束点 $(w^*, 1)$，其中 w^0 是损失函数 $L(\mathcal{B}, w, \lambda)$ 在 $\lambda = 0$ 时的解；w^* 是损失函数 $L(\mathcal{B}, w, \lambda)$ 在 $\lambda = 1$ 时的解。$L(\mathcal{B}, w, \lambda)$ 是平滑后的目标方程，其平滑程度受到渐进参数 λ 的控制。当 $\lambda = 0$ 时，$L(\mathcal{B}, w, \lambda)$ 为凸函数；当 $\lambda = 1$ 时，$L(\mathcal{B}, w, \lambda) = L(\mathcal{B}, w)$，此时函数退化为多示例学习的损失函数。

根据上述渐进优化的思路，定义一组关于渐进参数 λ 的序列 $0 = \lambda_0 < \lambda_1 < \cdots < \lambda_T = 1$，其中 T 为迭代次数。由此，式(4.2)更新为

$$w^* = \arg\min_w L(\mathcal{B}, w, \lambda)$$
$$= \arg\min_{w_f, w_g} \sum_i L_f(B_i, B_{i,J(\lambda)}, w_f) + L_g(B_i, B_{i,J(\lambda)}, w_g) \tag{4.6}$$

其中，$B_{i,J(\lambda)}$ 为示例子集；$J(\lambda)$ 为示例子集中示例的索引集合，由渐进参数 λ 控制；$L_f(B_i, B_{i,J(\lambda)}, w_f)$ 和 $L_g(B_i, B_{i,J(\lambda)}, w_g)$ 为渐进示例挖掘器和渐进检测器的损失函数。

4.3.1　渐进示例挖掘

在学习示例挖掘器时，示例包首先被划分成示例子集。示例子集中的所有示例相互之间具有空间关联性(空间位置相互重叠)和类别关联性(属于同一个目标类别)。示例子集是示例包的最小充分覆盖，满足 $\bigcup_J B_{i,J} = B_i$ 和 $B_{i,J} \bigcap B_{i,J'} = \varnothing$, $\forall J \neq J'$。首先，对所有的示例根据其示例挖掘器的得分 $f(B_{ij}, w_f)$ 排序，然后循环执行下面两个步骤。

(1) 用最高得分且不属于任何一个示例子集的示例构建新的示例子集。

(2) 在其他未被划分的示例集合中，搜索与该最高得分示例 IoU 大于等于阈值 λ 的示例，并将其加入该示例子集。

当 $\lambda = 0$ 时，示例包 B_i 中所有的示例被划分到一个示例子集中；当 $\lambda = 1$ 时，示例包 B_i 中示例子集的个数等于示例数，也就是每个示例子集中只包含一个示例，这种情况和多示例学习模型是等价的。当给定参数 $\lambda \in [0,1]$ 时，示例子集挖掘的损失函数定义为

$$L_f(B_i, B_{i,J(\lambda)}, w_f) = \max(0, 1 - y_i \max_{J(\lambda)} f(B_{i,J(\lambda)}, w_f)) \tag{4.7}$$

其中，$f(B_{i,J(\lambda)}, w_f)$ 为示例子集 $B_{i,J(\lambda)}$ 的得分，即

$$f(B_{i,J(\lambda)}, w_f) = \frac{1}{\left| B_{i,J(\lambda)} \right|} \sum_j f(B_{i,j}, w_f) \tag{4.8}$$

其中，$\left| B_{i,J(\lambda)} \right|$ 为示例子集 $B_{i,J(\lambda)}$ 中示例的个数，$B_{i,j} \in B_{i,J(\lambda)}$。

根据式(4.8)，示例子集的得分是示例子集中所有示例的平均得分。该过程可以看作平滑滤波，从而使式(4.7)相比式(4.3)而言更为平滑。因此，式(4.6)相比式(4.2)更为平滑，当不断调整 λ 的数值时，便能得到相应序列的平滑函数，缓解原目标方程的非凸问题，如图 4.1(a)所示。

在训练过程中，渐进多示例学习平等地利用示例子集中的示例更新网络参数，并且在反传的过程中，示例子集覆盖的区域能被均匀地激活。由于一个示例子集中的示例互相之间是有空间位置关联的，因此示例子集中容易包含目标、目标部件等区域，进而激活目标的完整区域。当 $\lambda = 0$ 时，由于每个示例包只包含一个示例子集，因此式(4.7)中等号右侧第二项 max 函数变为线性函数。根据"两个线性函数取最大得到的函数是凸函数"这一结论可以推断出式(4.7)此时变成凸函数。当 $\lambda = 1$ 时，每个示例子集只包

含一个示例，此时模型退化为多示例学习模型；当 $\lambda \in (0,1)$ 时，式(4.7)是式(4.3)平滑后的结果，如图 4.1 所示。

4.3.2　渐进检测器学习

在训练过程中，得分最高的示例子集 $B_{i,J(\lambda)^*}$ 被用于检测器的学习。考虑检测器的训练过程中没有框标注，并且被选中的示例子集 $B_{i,J(\lambda)^*}$ 可能会包含目标部件或者背景，本节进一步提出渐进的检测器学习思路。

首先，将示例包中的示例根据渐进参数 λ 划分为正示例和反示例。将渐进示例挖掘输出的示例子集 $B_{i,J(\lambda)^*}$ 中最高得分的示例表示为 B_{i,j^*}，那么示例划分的过程则可表示为

$$y_{i,j} = \begin{cases} +1, & \mathrm{IoU}(B_{i,j}, B_{i,j^*}) \geqslant 1 - \lambda/2 \\ -1, & \mathrm{IoU}(B_{i,j}, B_{i,j^*}) < \lambda/2 \end{cases} \tag{4.9}$$

在训练过程中，随着渐进参数 λ 从 0 到 1 逐渐变化，正示例的阈值 $1-\lambda/2$ 从 1 逐渐减小到 0.5，而反示例的阈值 $\lambda/2$ 从 0 逐渐增大到 0.5。在这个过程中，正反示例的样本数量由于阈值的变化而逐渐增多，当渐进参数 $\lambda=1$ 时，式(4.9)退化为式(4.5)，即和原多示例学习一致。根据上述定义的正反例样本，渐进检测器的学习可以通过优化以下损失函数实现，即

$$F_g(B_i, B_{i,J(\lambda)}, w_g) = -\sum_z \sum_j \delta_{z,y_{ij}} \log_2 g_z(B_{i,j}, w_g) \tag{4.10}$$

4.4　网络结构与实现

渐进多示例学习与深度学习框架结合可以用于弱监督目标检测。渐进多示例学习在深度网络框架中的模块图如图 4.3 所示。图中，C 表示目标类别数，ROI Pooling 表示感兴趣区域的池化。输入图像首先根据候选框算法生成候选框，然后利用卷积神经网络、ROI-Pooling 和两个全连接层对所有候选框(示例)提取特征。在两个全连接层后面，连接渐进示例挖掘模块和渐进检测器学习模块。在前向传播中，渐进多示例学习算法选择示例子集中的正示例，并将其视为伪标注信息，利用该信息训练检测器。在反向传播中，示例挖掘器和检测器在随机梯度下降的框架下联合优化。通过网

络的正向传播和反向传播，网络参数不断更新，最终学习到相应的目标检测器。

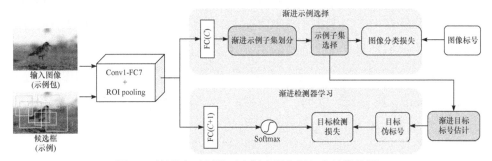

图 4.3　渐进多示例学习在深度网络框架中的模块图

4.5　实验结果与分析

为了验证渐进多示例学习的有效性，本书使用 VGGF 和 VGG16 作为实验的基网，在目前较为常用的目标检测的数据集 PASCAL VOC 2007 和 VOC 2012 数据集中验证本章提出的方法。下面介绍相关的实验设定、实验分析，以及当前最好方法的对比。

4.5.1　实验设定

1. 数据集

PASCAL VOC 数据集共包含 20 个目标类别。VOC 2007 数据集包含 9963 张图像，其中 5011 张图像用于训练和验证，4952 张图像用于测试。VOC 2012 包含 22531 张图像，其中 11540 张图像用于训练和验证，10991 张图像用于测试。

2. 评测标准

本章用到的评测标准有两种，即 mAP 和 CorLoc。各个评测标准的定义见 3.6.1 节。

3. 预训练模型

预训练模型采用的是目前主流的 VGG 网络,分别为 VGGF 和 VGG16。这两个模型均在 ILSCVR 2012 的图像分类任务中预训练。VGGF 和 AlexNet 的网络结构类似,拥有 5 个卷积层和 3 个全连接层。VGG16 拥有 13 个卷积层和 3 个全连接层。对于这两个基网,去掉最后一个空间最大池化层,用一个 ROI-Pooling 层替代。同时,去掉最后一个全连接层,并使用一个随机初始化的全连接层替代。该全连接层的节点个数和数据集类别个数对应。

4. 候选框生成算法

候选框生成算法采用选择搜索算法和 Edge Boxes 算法。对于每张图像,算法大概生成 2000 个左右的候选框。对于选择搜索算法,使用 fast 模式生成候选框。在训练过程中,去掉宽或高小于 20 个像素的候选框。

5. 训练参数

与众多已提出的具有代表性的弱监督目标检测算法一样,本书采用多尺度训练策略,在训练过程中将输入图像的长或宽随机缩放至下述 5 个尺度中的一个,即 {480, 576, 688, 864,1200}。同时,训练图像还会被随机左右翻转。测试时将所有的 5 个尺度图像,包括翻转之后的图像共计 10 张图像的检测结果取平均,得到最终的检测结果。在循环学习过程中,使用随机梯度下降,其中动量参数为 0.9,权重衰减系数为 5×10^{-4},单次输入图像的数量为 1。模型在整个数据集上迭代 20 个周期,其中前 10 个周期的学习率是 5×10^{-3},后 10 个周期的学习率是 5×10^{-4}。

4.5.2　连续优化方法评测

1. 渐进参数 λ

为了验证渐进参数 λ 对渐进优化过程的影响,这里验证了 5 种渐进参数 λ 的变化函数。渐进参数演变与性能演变如图 4.4 所示。渐进参数 λ 按 5 种函数曲线变化的检测和定位结果如表 4.1 所示。实验数据集为 PASCAL VOC 2007,基网为 VGGF。可以看出,引入渐进优化策略之后,模型的检测性能提升 1.1%~4.7%,模型的定位性能提升 1.4%~4.5%。

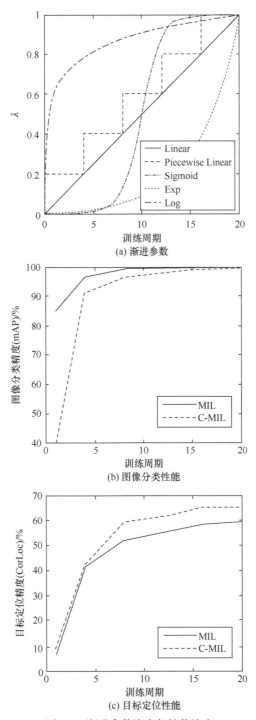

(a) 渐进参数

(b) 图像分类性能

(c) 目标定位性能

图 4.4　渐进参数演变与性能演变

表 4.1　渐进参数 λ 按 5 种函数曲线变化的检测和定位结果

方法	方法/连续方程	mAP/%	CorLoc/%
多示例学习	ContextNet[22]	36.0	55.0
C-MIL (本书方法)	Linear	37.9	58.9
	Piecewise Linear	37.6	57.4
	Sigmoid	38.3	58.4
	Exp	37.1	56.4
	Log	**40.7**	**59.5**

由表 4.1 可以看出，Log 函数取得了最好的性能。该函数的变化趋势是，在训练初期，渐进参数 λ 迅速变大；在训练后期，渐进参数 λ 的变化速度逐渐放缓，最终达到最大值 1。这与训练过程是吻合的。也就是说，模型在训练初期学习大的示例子集，这有助于模型激活目标完整区域，避免陷入目标部件等局部最优。在训练后期，示例子集趋于稳定，此时模型聚焦于训练检测器的学习。

2. 渐进优化策略

渐进多示例学习的消融实验如表 4.2 所示。可以看出，与基准模型相比，当只使用渐进示例挖掘器时，检测性能提升 3.0%(39.0%-36.0%)；当只使用渐进检测器学习时，检测性能提升 1.4%(37.4%-36.0%)；当两个渐进优化策略均被使用时，检测性能超过基准模型 4.7%(40.7%-36.0%)。这些结果清晰地验证了渐进优化策略的引入对多示例学习的作用。

表 4.2　渐进多示例学习的消融实验

方法	示例选择	检测器	mAP/%
多示例学习[22]			36.0
C-MIL(本书)	√		39.0
		√	37.4
	√	√	40.7

图 4.4(b) 和图 4.4(c) 呈现了图像分类和目标定位在训练过程中的演变结果。多示例学习算法在训练初期的图像分类性能和目标定位性能均高于

渐进多示例学习。在后续的训练中，渐进多示例学习的定位性能逐渐追上并超过多示例学习。其中的原因是，多示例学习以优化图像分类损失为主，并未考虑定位能力，其图像分类能力在训练初期能得到更好的优化。然而，多示例学习聚焦于寻找最具有判别性的图像区域去区分图像类别，因此容易定位到目标局部。与之不同的是，渐进多示例学习通过学习示例子集同时优化图像分类和目标定位，因此最终能够成功定位到完整的目标。

4.5.3　语义稳定极值区域

为了进一步理解渐进优化，将训练过程中学习到的示例子集进行可视化。稳定语义极值区域如图 4.5 所示。可以看出，当渐进参数 λ 由小变大时，激活的区域逐渐变小。在训练初期，示例子集的作用是尽可能地搜集目标或者目标部件的信息。随着训练的进行，激活区域减小的速度逐渐稳定下来。该区域在目标边缘处逐渐稳定。将这些区域称为稳定的语义极值区域，而这些区域的出现通常能观察到目标的完整区域被成功定位。

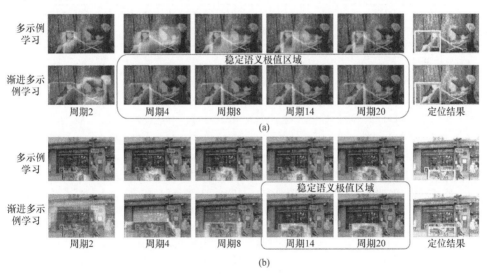

图 4.5　稳定语义极值区域

稳定语义极值区域的出现表明，渐进多示例学习在训练过程中逐渐压制背景并激活目标区域。这个过程和 MSER 有相似之处。不同的是，最大稳定极值区域是在原图像的像素空间中定义，并以无监督的方式提取的，而稳定的语义极值区域则是在语义的基础上提取并通过弱监督的方式学习的。

4.5.4 实验性能与对比

表 4.3 给出了渐进多示例学习和已提出的具有代表性的方法在 PASCAL VOC 2007 上目标检测性能的对比。渐进多示例学习在使用 VGGF 和 VGG16 作为基网时性能分别达到 40.7% 和 50.5%。当使用 VGGF 时，渐进多示例学习性能分别超过 WCCN[14] 3.4%(40.7%-37.3%)、OICR[34] 2.8%(40.7%-37.9%)、MELM[37] 2.3%(40.7%-38.4%)；当使用 VGG16 时，渐进多示例学习性能分别超过 WeakRPN[35] 6.2%(50.5%-44.3%)、TS²C[38] 5.2%(50.5%-45.3%)、MELM[37] 3.2%(50.5%-47.3%)。这些提升在弱监督目标检测这一非常具有挑战的任务中是十分显著的。

表 4.3 PASCAL VOC 2007 数据集上的实验性能对比 (单位：%)

模型	方法	aero	bike	bird	boat	bttle	bus	car	cat	char	cow
VGGF/ AlexNet	PDA[59]	49.7	33.6	30.8	19.9	13.0	40.5	54.3	37.4	14.8	39.8
	LCL+Context[41]	48.9	42.3	26.1	11.3	11.9	41.3	40.9	34.7	10.8	34.7
	WSDDN[57]	42.9	56.0	32.0	17.6	10.2	61.8	50.2	29.0	3.8	36.2
	ContextNet[62]	57.1	52.0	31.5	7.6	11.5	55.0	53.1	34.1	1.7	33.1
	WCCN[58]	43.9	57.6	34.9	21.3	14.7	64.7	52.8	34.2	6.5	41.2
	OICR[63]	53.1	57.1	32.4	12.3	15.8	58.2	56.7	39.6	0.9	44.8
	MELM[65]	56.4	54.7	30.9	21.1	17.3	52.8	60.0	36.1	3.9	47.8
	C-MIL(本书)	54.5	55.5	34.4	20.3	16.7	53.4	59.2	44.6	8.4	46.0
VGG16	WSDDN[93]	39.4	50.1	31.5	16.3	12.6	64.5	42.8	42.6	10.1	35.7
	PDA[59]	54.5	47.4	41.3	20.8	17.7	51.9	63.5	46.1	21.8	57.1
	OICR[63]	58.0	62.4	31.1	19.4	130.0	65.1	62.2	28.4	24.8	44.7
	WCCN[58]	49.5	60.6	38.6	29.2	16.2	70.8	56.9	42.5	10.9	44.1
	TS²C[66]	59.3	57.5	43.7	27.3	13.5	63.9	61.7	59.9	24.1	46.9
	WeakRPN[64]	57.9	70.5	37.8	5.7	21.0	66.1	69.2	59.4	3.4	57.1
	MELM[65]	55.6	66.9	34.2	29.1	16.4	68.8	68.1	43.0	25.0	65.6
	C-MIL(本书)	62.5	58.4	49.5	32.1	19.8	70.5	66.1	63.4	20.0	60.5
FRCNN Re-train	OICR-Ens.[63]	65.5	67.2	47.2	21.6	22.1	68.0	68.5	35.9	5.7	63.1
	TS²C[66]	—	—	—	—	—	—	—	—	—	—
	WeakRPN-Ens.[64]	63.0	69.7	40.8	11.6	27.7	70.5	74.1	58.5	10.0	66.7
	C-MIL(本书)	61.8	60.9	56.2	28.9	18.9	68.2	69.6	71.4	18.5	64.3

模型	方法	tble	dog	hrse	mbke	prsn	plnt	shep	sofa	train	tv	mAP
VGGF/ AlexNet	PDA[59]	9.4	28.8	38.1	49.8	14.5	24.0	27.1	12.1	42.3	39.7	31.0
	LCL+Context[41]	18.8	34.4	35.4	52.7	19.1	17.4	35.9	33.3	34.8	46.5	31.6
	WSDDN[57]	18.5	31.1	45.8	54.5	10.2	15.4	36.3	45.2	50.1	43.8	34.5
	ContextNet[62]	49.2	42.0	47.3	56.6	15.3	12.8	24.8	48.9	44.4	47.8	36.3
	WCCN[58]	20.5	33.8	47.6	56.8	12.7	18.8	39.6	46.9	52.9	45.1	37.3
	OICR[63]	39.9	31.0	54.0	62.4	4.5	20.6	39.2	38.1	48.9	48.6	37.9
	MELM[65]	35.5	28.9	30.9	61.0	5.8	22.8	38.8	39.6	42.1	54.8	38.4
	C-MIL(本书)	40.2	40.8	47.7	63.2	22.8	23.2	39.4	44.3	53.8	52.3	40.7
VGG16	WSDDN[57]	24.9	38.2	34.4	55.6	9.4	14.7	30.2	40.7	54.7	46.9	34.8
	PDA[59]	22.1	34.4	50.5	61.8	16.2	29.9	40.7	15.9	55.3	40.2	39.5
	OICR[63]	30.6	25.3	37.8	65.5	15.7	24.1	41.7	46.9	64.3	62.6	41.2
	WCCN[58]	29.9	42.2	47.9	64.1	13.8	23.5	45.9	54.1	60.8	54.5	42.8
	TS²C[66]	36.7	45.6	39.9	62.6	10.3	23.6	41.7	52.4	58.7	56.6	44.3
	WeakRPN[64]	57.3	35.2	64.2	68.6	32.8	28.6	50.8	49.5	41.1	30.0	45.3
	MELM[65]	45.3	53.2	49.6	68.6	2.0	25.4	52.5	56.8	62.1	57.1	47.3
	C-MIL(本书)	52.9	53.5	57.4	68.9	8.4	24.6	51.8	58.7	66.7	63.5	50.5
FRCNN Re-train	OICR-Ens.[63]	49.5	30.3	64.7	66.1	13.0	25.6	50.0	57.1	60.2	59.0	47.0
	TS²C[66]	—	—	—	—	—	—	—	—	—	—	48.0
	WeakRPN-Ens.[64]	60.6	34.7	75.7	70.3	25.7	26.5	55.4	56.4	55.5	54.9	50.4
	C-MIL(本书)	57.2	66.9	65.9	65.7	13.8	22.9	54.1	61.9	68.2	66.1	53.1

　　进一步使用基于 VGG16 的渐进多示例学习模型的检测结果，将其用作伪标号，训练 Fast-RCNN 检测器。由表 4.3 可以看出，使用 Fast-RCNN 重训后检测模型的性能进一步提升到 53.1%。该结果超过已提出的具有代表性的方法 2.7%～6.1%。其中，aeroplane、bird、cat、train 等类别的性能都得到大幅提升。

　　表 4.4 为渐进多示例学习和已提出的具有代表性的方法在 PASCAL VOC 2012 上的目标检测性能的对比，基网为 VGG16。可以看出，渐进多示例学习性能分别超过 WeakRPN[35] 5.9%(46.7%-40.8%)、TS²C[38] 6.7% (46.7%-40.0%)、MELM[37] 4.3% (46.7%-42.4%)。PASCAL VOC 2012 数据集检测结果示例如图 4.6 所示。

表 4.4　PASCAL VOC 2012 数据集上的检测和定位性能对比

方法	mAP/%	CorLoc/%
WCCN[14]	37.9	—
Self-Taught[21]	38.3	58.8
OICR[34]	37.9	62.1
TS^{2}C[38]	40.0	64.4
WeakRPN[35]	40.8	64.9
MELM[37]	42.4	—
C-MIL(本书)	46.7	67.4

图 4.6　PASCAL VOC 2012 数据集检测结果示例

　　表 4.4 和表 4.5 评测了渐进多示例学习的目标定位性能。在 PSACAL VOC 2007 数据集中，渐进多示例学习性能分别超过 WeakRPN[35] 1.2% (65.0%-63.8%)、TS^{2}C[38] 4.0%(65.0%-61.0%)。在 PSACAL VOC 2012 数据集中，渐进多示例学习性能分别超过 WeakRPN[35] 3.0%(67.4%-64.4%)、

TS^{2}C[38] 2.5%(67.4%-64.9%)。

表 4.5　PASCAL VOC 2007 目标定位性能对比

模型	方法	mAP/%
VGG16	WSDDN[57]	53.5
	WCCN[58]	56.7
	OICR[63]	60.6
	TS^{2}C[66]	61.0
	WeakRPN[64]	63.8
	C-MIL(本书)	65.0

4.6　本 章 小 结

本章深入地研究了涉及非凸目标函数的弱监督问题的优化，提出渐进多示例优化方法。该方法致力于解决传统多示例学习方法的非凸优化问题。通过引入一个序列对原函数的平滑损失函数，在训练过程中以一个容易求解的凸损失函数为起点，逐渐优化该序列中的平滑损失函数，直至损失函数退化为原损失函数。该平滑过程通过引入示例子集来实现。

渐进多示例学习可以显著提升弱监督目标检测和定位的性能，并优于已提出的具有代表性的方法[93]。这些现象背后的原理在于，将渐进优化模型和深度网路结合时，模型在训练过程中通过搜集目标或者目标部件的方式激活目标的完整区域，从而最终学习到语义稳定极值区域。本章的研究可以拓展弱监督视觉目标检测与弱监督学习问题的求解思路。

第 5 章　弱监督 X 射线图像违禁品检测

前面两章从建模和优化两个方面对弱监督视觉目标检测任务进行了理论研究。本章从应用的角度以 X 射线图像违禁品检测为背景，解决弱监督目标检测的实际应用问题。首先，对 X 射线图像违禁品的应用做简单介绍并指出相应的问题，然后给出对应的模型方法，最后通过实验验证提出方法的有效性。

5.1　问　题　简　介

安检领域违禁品目标定位是计算机视觉在实际应用场合中的典型应用。违禁品目标自动发现对于辅助安检人员进行违禁品定位、提高安检与通关效率具有重大意义。安检领域 X 射线图像中的违禁品示例如图 5.1 所示。

X 射线安检图像是由 X 射线对目标穿透成像，通过计算 X 射线的穿透率等反向计算生成 X 射线图像。它反映的是各类物理材质对 X 射线的吸收情况，因此成像结果只和目标实际的材质有关。在实际工作中，物体的摆放经常会相互重叠。这一特点使 X 射线图像具有非常显著的重叠特性。同时，由于物体在成像时存在多角度、多视角、多尺度等问题，违禁品和很多背景噪声难以区分。X 射线安检数据的标注往往需要专业人员的参与，标注过程十分耗时费力。同时，X 射线安检数据非常庞大，但是实际违禁品出现的概率非常低。这使违禁品数据集的搜集十分困难。在大规模的数据集中，标注的难度非常大，同时包含违禁品的图像(正例)和不包含违禁品的图像(反例)的比例非常大。这导致传统的机器学习算法在该问题上失效。

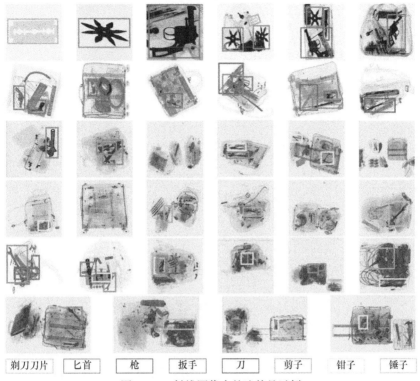

| 剃刀刀片 | 匕首 | 枪 | 扳手 | 刀 | 剪子 | 钳子 | 锤子 |

图 5.1 X 射线图像中的违禁品示例

为了解决这一问题，本章提出弱监督的 X 射线图像违禁品定位的框架。在该框架中，标注者只需要给出图像中有无违禁品，以及违禁品的类别，不需要对违禁品的位置精确标注，从而极大地减少标注工作量，使深度学习在大规模 X 射线数据集上的使用成为可能。

5.2 弱监督 X 射线违禁品定位网络

类平衡分层激活网络结构示意图如图 5.2 所示。

5.2.1 分层置信度传播

分层置信度传播的作用是利用卷积神经网络的分层特性，对不同层之间的特征进行传播，通过融合不同的特性达到增强特征表示的目的。分层置信度传播包括层间传播和层内传播两个部分。

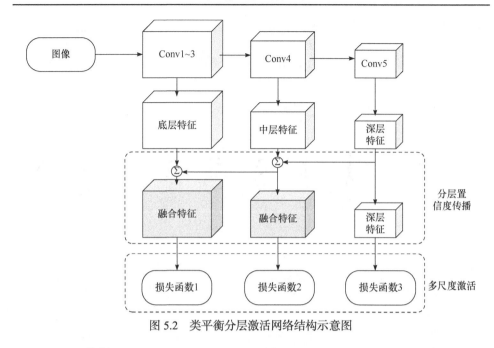

图 5.2 类平衡分层激活网络结构示意图

1. 层间传播

层间传播采用特征金字塔的结构,通过融合不同层实现多层信息融合,并实现特征对尺度的鲁棒性。卷积神经网络中第 $l+1$ 层的置信度图首先通过上采样的方式,使其和第 l 层的置信度图有相同的空间分辨率,然后与第 l 层特征图进行级联,最后通过一个 1×1 的卷积层将两层的特征进行融合。由此,第 $l+1$ 层的置信度传播至第 l 层,传播公式为

$$M^l \leftarrow W^l * \wedge(M^{l+1}, F^l) \tag{5.1}$$

其中,$F^l \in \mathrm{R}^{K\times N\times N}$ 为第 l 层卷积特征图有 K 个维度,并且每个维度的大小为 $N\times N$;$\wedge(\cdot)$ 为将第 $l+1$ 层的特征图 M^{l+1} 上采样后和第 l 层特征图 F^l 进行级联;W^l 为 1×1 卷积层中的参数;$*$表示卷积操作。

当 L 是卷积层数,也就是最后一个卷积层时,$M^L = F^L$。

2. 层内传播

由式(5.1)可以看出,置信度图 M^l 是在自深而浅传播的过程中由第 l 层和第 $l+1$ 层的特征图融合得到的。在得到置信度图之后,对该特征图进行

层内传播，通过特征之间的位置关系和相似度来增强特征表达。层内传播通过使用传播图和周围像素交互作用更新置信度图。其主要作用在于通过抑制噪声、聚焦相关区域得到更准确的违禁品定位信息。将每一个卷积层的像素看作一个马尔可夫链，第 l 层的传播图 $A^l \in R^{N \times N}$ 通过随机游走的方法计算得到。该传播图通过转换概率矩阵 $G^l \in R^{N^2 \times N^2}$ 的不断循环，更新每个像素的状态。当马尔可夫链的平衡分布通过不断积累使像素与其周围像素具有很高的不相似度时，A^l 达到稳定状态。

$v_{ij}^l \in R^K$ 表示置信度图 M^l 中第 K 个维度上位置 (i,j) 对应的向量，转换概率矩阵通过 M^l 中像素之间的连接得到。定义像素 (i,j) 和 (i',j') 之间的转换概率矩阵为

$$G_{(i,j),(i',j')}^l = \left\| v_{ij}^l - v_{i'j'}^l \right\| \cdot D((i,j),(i',j')) \tag{5.2}$$

其中，$\|\cdot\|$ 表示 $L2$ 正则化；正则化的空间距离公式为

$$D((i,j),(i',j')) = \exp((i-i')^2 + (j-j')^2)/\sigma^2 \tag{5.3}$$

其中，σ 表示距离参数，根据经验值在实验中设置为 $0.2 \times N$。

A^l 中的每个元素都被初始化为 $1/N^2$，根据 A^l 当前的状态和转换概率矩阵 G^l 就可以得到 A^l 的下一个状态，重复此操作直到 A^l 达到稳定状态，此时就可以得到传播图 A^l。置信度特征图 $\hat{M}^l$ 根据下式进行更新：

$$\hat{M}_k^l \leftarrow A^l \otimes M_k^l, \quad k \in \{1,2,\cdots,K\} \tag{5.4}$$

其中，$\otimes$ 表示对应的像素相乘；M_k^l 表示 M^l 的第 k 个维度。

层内传播基于深层特征中的邻近像素呈现出语义相关性，以及同一个类别的像素具有相似的特征向量，相当于采用软分割过程聚合之前的激活。

5.2.2　多尺度激活

激活过程是由弱监督驱动的，图像的标号是对整个网络的监督。在弱监督定位的任务中，激活特征图通过激活深层卷积特征图上的显著性区域得到。该过程用于发现图像中目标的位置。然而，直接将图像分类的网络

用来做定位的任务还是有一些缺点。

(1) 深层的神经元对应着原图很大的面积，但是空间精度较低。

(2) 浅层的神经元具有更精确的定位，但是其感受野较小，只能看到原图中的局部信息。

受监督学习定位方法的启发，本书采用分层激活的网络结构相当于在多层激活。对于类别 c，其第 l 层的激活图定义为

$$T_c^l = \sum_k w_k^c \hat{M}_k^l \tag{5.5}$$

其中，w_k^c 为最后一个全连接层中类别 c 与神经元 k 之间的权重。

根据式(5.3)和式(5.4)可以得到第 l 层的激活图，即

$$T_c^l = \sum_k w_k^c \left[A^l \otimes (W^l * \wedge [M^{l+1}, F^l])_k \right] \tag{5.6}$$

其中，$\otimes$ 表示对应元素按位相乘；$*$ 表示卷积运算；$\wedge(\cdot)$ 表示将第 $l+1$ 层的特征图 M^{l+1} 上采样后和第 l 层特征图 F^l 进行级联。

传统方法 CAM 和 SPN 都是只利用最后一个卷积层的特征图计算得到单一的激活图。HPA 可以从分层的卷积特征图中得到更丰富、用于图像分类和违禁品定位的特征信息。

5.3 实验结果与分析

类平衡分层激活网络的基网是当前流行的卷积神经网络，为了验证本章提出的方法对正反例不均衡问题的有效性，从 SIXray 数据集中选择正反样本比例不同的三个子集，并在多个子集上进行算法性能的评测。本节首先介绍实验基本参数设置，以及评测方法，其次介绍 CHR 与其他方法在 SIXray 子集上的对比实验，再次验证模型各个模块的效果，对类别不均衡问题进行深入分析，最后评测 CHR 在自然场景数据集上的实验性能。

5.3.1 实验设置与评测

为了探究图像正反例不均衡问题，这里根据正例和反例的不同比例从 SIXray 数据集中选取三个不同的子集，命名为 SIXray10、SIXray100、

SIXray1000，分别对应反例与正例的比例为 10∶1、100∶1、1000∶1。在 SIXray10 和 SIXray100 数据集中，所有的 8929 个正例都被使用。然后，从反例图像中随机取 10 倍、100 倍的反例图像，SIXray100 的数据分布与真实场景中的分布是最接近的。为了最大限度地探索算法处理图像不均衡问题的能力，本书构造了 SIXray1000 数据集。该数据集由随机从每个类别中选择的 1000 个正例图像，以及所有的 1050302 反例图像构成。每一个子数据集都被随机分为训练集和测试集，其中训练集占总数据集的 80%，测试集占总数据集的 20%，训练集和测试集图像比例为 4∶1。对于划分后的每一个方法来说，训练数据和测试数据都是固定的。对于评测，分类采用评测类别的平均精度即 mAP，定位采用评测点定位的正确率。

实验采用 5 个常用的网络结构，包括 ResNet34[94]层、50 层和 101 层网络结构、Inception-v3[95]和 DenseNet121[96]。在这些网络的基础上添加设计的模块，并在 CHR 中令 $L = 3$，即只利用三层的特征进行融合。当然，如果增大 L，那么采用更多的特征也是可以的，但是实验发现，$L = 3$ 已经可以提供足够多的特征信息。

5.3.2　数据集简介

SIXray 数据集中的图像均来源于地铁站。该数据集共包含 1059231 张 X 射线安检图像，其中含有违禁品的图像有 8929 张。违禁品主要包含枪、刀、扳手、钳子、剪刀、锤子。图 5.3 所示为 SIXray 数据集中的 X 射线

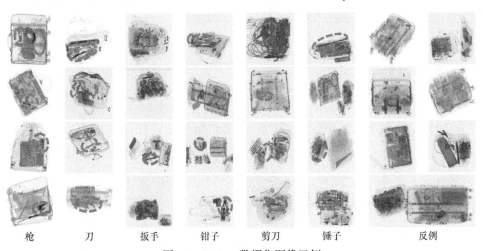

| 枪 | 刀 | 扳手 | 钳子 | 剪刀 | 锤子 | 反例 |

图 5.3　SIXray 数据集图像示例

安检图像，在图中依次给出包含 6 个类别违禁品的图像，图中圆圈是标出来的违禁品的位置，最右边一列给出的是不含有违禁品的图像。可以看出，该数据集中的图像与实际安检场景中的图像是一致的，即都是由 X 射线机生成的伪彩色图像；不同材质的物体会被投影为不同的颜色；相同材质的物体会被投影为相同的颜色。至少包含一种违禁品的图像称为正例图像，不包含任何违禁品的图像称为反例图像。

表 5.1 所示为 SIXray 数据集中各个类别图像数目的统计信息。可以看出，正例图像数目很少，只有约 9000 张，而反例图像的数目是非常巨大的，约有 105 万张，即正反样本严重不平衡。但是，这样的数据分布与现实场景中的数据分布是一致。因为在现实场景中，可能安检一天也不会查到一两个违禁品，所以数据本身就是不含违禁品的图像数量多，包含违禁品的图像数量少。不同类别违禁品的数目存在较大差异，锤子这一类只有 60 张图像，相对于整个数据集的 100 多万张太少了，所以在实验中并没有用锤子这一个类别的数据，即实验中正例图像只有 5 类。此外，所有类别的图像相加总和大于正例图像的总数，说明在正例图像中存在一幅图像包含多个违禁品的情况。所有图像都人工标注了图像级别的类别信息，即图像中是否含有违禁品，并且为了评估模型的定位性能，在测试集上给出了违禁品的边缘框信息。数据集中图像的平均大小为 100000 像素，所有的图像都被存为 JPEG 格式。

表 5.1　SIXray 数据集统计表

正例/张						反例/张
枪	刀	扳手	钳子	剪刀	锤子	
3131	1943	2199	3961	983	60	1050302

SIXray 测试集中目标角度、长宽比和面积分布如图 5.4 所示。可以看出，在 0°～180°范围内，角度的分布比较均匀，图像中的违禁品存在角度的多样性；长宽比和面积的分布相对比较集中，长宽比大多数都小于 2，目标的面积大多数都小于 50000 像素。

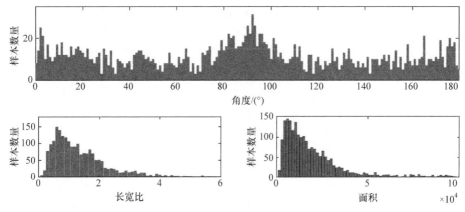

图 5.4　SIXray 测试集中目标角度、长宽比和面积分布

SIXray 数据集主要有以下特点。

(1) SIXray 数据集中的图像都是过安检时通过 X 射线扫描旅客的包裹得到的，包裹内的物品都是随机摆放的。当 X 射线对包裹进行扫描时，X 射线的穿透属性甚至可以看到包裹中被遮挡的部分，也就是之前介绍的 SIXray 数据集与自然场景数据集不同，即重叠特性。

(2) 违禁品存在多角度、多视角的问题，甚至同一个类中的违禁品也存在一些不同的子类，这都会导致类内差异性增大，增大安检图像识别的难度。

(3) 图像内容非常杂乱，因为包裹中可能什么东西都有，很难预料背景区域会出现什么，使背景信息非常复杂。

(4) 正例图像数量非常少，使网络在训练过程中很容易将更多的参数用来学习反例样本的信息，因为将所有的数据都预测为反例，也会有一个非常高的正确率，所以如何保持训练过程更稳定是很大的挑战。

5.3.3　分类与定位实验

SIXray10、SIXray100、SIXray1000 数据集的分类性能如表 5.2～表 5.4 所示。可以看到，CHR 在每个数据集上均取得比基本实验网络更好的性能，在更深的网络中会有更大的优势。对于 Inception-v3 和 DenseNet，CHR 在 SIXray1000 数据集分别有 8.22%和 9.08%的性能提升。

表 5.2 SIXray10 数据集的分类性能 (单位：%)

方法	枪	刀	扳手	钳子	剪刀	平均
ResNet34[94]	89.71	85.46	62.48	83.50	52.99	74.83
ResNet34+CHR	87.16	87.17	64.31	85.79	61.58	77.20
ResNet50[94]	90.64	87.82	63.62	84.80	57.35	76.85
ResNet50+CHR	87.55	86.38	69.12	85.72	60.91	77.94
ResNet101[94]	87.65	84.26	69.33	85.29	60.39	77.38
ResNet101+CHR	85.45	87.21	71.23	88.28	64.68	79.37
Inception-v3[95]	90.05	83.80	68.11	84.45	58.66	77.01
Inception-v3+CHR	88.90	87.23	69.47	86.37	65.50	79.49
DenseNet[96]	87.36	87.71	64.15	87.63	59.95	77.36
DenseNet+CHR	87.05	85.89	70.47	88.34	66.07	79.56

表 5.3 SIXray100 数据集的分类性能 (单位：%)

方法	枪	刀	扳手	钳子	剪刀	平均
ResNet34[94]	83.06	78.75	30.49	55.24	16.14	52.74
ResNet34+CHR	81.96	77.70	36.85	64.56	14.49	55.11
ResNet50[94]	84.75	77.92	28.49	50.53	19.39	52.22
ResNet50+CHR	82.64	79.60	41.19	58.02	27.89	57.87
ResNet101[94]	82.83	76.16	35.59	54.82	20.63	54.01
ResNet101+CHR	83.25	77.53	42.02	68.01	32.33	60.63
Inception-v3[95]	81.18	77.28	32.47	66.89	22.63	56.09
Inception-v3+CHR	79.22	73.48	37.20	69.01	31.81	58.15
DenseNet[96]	83.23	77.24	37.72	62.69	24.89	57.15
DenseNet+CHR	82.06	78.75	43.22	66.75	28.80	59.92

表 5.4 SIXray1000 数据集的分类性能 (单位：%)

方法	枪	刀	扳手	钳子	剪刀	平均
ResNet34[94]	72.05	56.42	16.47	14.24	7.12	33.26
ResNet34+CHR	73.35	60.46	23.72	17.98	18.19	38.74
ResNet50[94]	74.19	59.82	16.03	16.59	2.87	33.90
ResNet50+CHR	73.43	61.32	18.88	12.32	19.03	37.00
ResNet101[94]	76.04	63.53	13.65	15.57	11.28	36.01
ResNet101+CHR	75.38	64.80	15.27	19.02	16.21	38.14
Inception-v3[95]	75.52	56.33	24.01	16.75	20.72	38.67
Inception-v3+CHR	76.91	61.29	29.60	19.11	47.56	46.89
DenseNet[96]	75.00	65.55	23.57	18.09	14.18	39.28
DenseNet+CHR	74.87	71.23	29.79	21.57	44.27	48.36

下面对 5 个类别的性能进行分析，CHR 在每一类上性能的提升是不相同的。以 DenseNet 为例，对于枪这一类，分类的性能在每个数据集上都没有提升。这是因为枪这一类的训练样本较多，所以需要增加训练样本较少的类的权重。但是观察到，对于除枪以外的其他类别都有性能的提升，尤其是对于剪刀这一类，性能最高可以提升 30%。由表 5.1 可以看出，剪刀这一类的图像数量是 5 个类别中最少的，所以在训练过程中会有更多的权重，同时 CHR 通过添加分层的监督信息可以极大地抑制干扰信息。

最后，对不同数据子集上存在的正反例样本不均衡问题进行具体的分析。SIXray10、SIXray100、SIXray1000 分别对应反例与正例的比例为 10∶1、100∶1 和 1000∶1。由图 5.5 可以看出，类平衡分层激活网络在分类和定位的性能上都比基网络方法有明显的提高。除此之外，随着反例和正例样本比例的增大，本书提出的方法比基网方法性能提升的幅度增大，充分体现了 CHR 算法对处理类别不均衡问题的有效性。

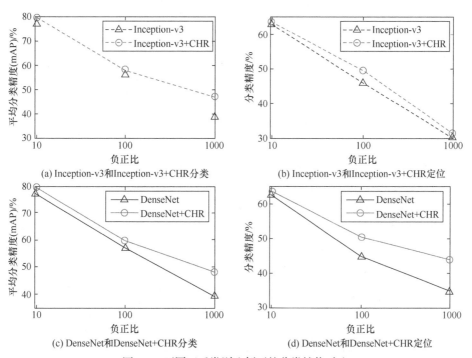

图 5.5 不同正反类别比例下的分类性能对比

　　为了验证类平衡分层激活网络在分类实验中性能有较大的提升，本书借鉴 CAM 生成类别响应图。SIXray10、SIXray100、SIXray1000 数据集的定位性能如表 5.5～表 5.7 所示。在 SIXray100 子集中，CHR 比 DenseNet 性能高 5.61%(50.31%-44.70%)，在 SIXray1000 子集中，DenseNet + CHR 比 DenseNet 性能高 9.26%(43.87%-34.61%)。尤其对于 SIXray1000 数据集中扳手这个类别，Inception-v3 + CHR 比 Inception-v3 性能高 16.04%(23.53%-7.49%)。除此之外，越深的网络结构有越好的性能。

表 5.5　SIXray10 数据集的定位性能　　　　　　（单位：%）

方法	枪	刀	扳手	钳子	剪刀	平均
ResNet34[94]	71.60	51.28	43.32	68.88	22.16	51.45
ResNet34+CHR	75.62	55.38	52.41	58.44	19.32	52.23
ResNet50[94]	63.89	57.44	49.73	68.88	17.05	51.40
ResNet50+CHR	68.83	58.46	54.01	77.04	15.91	54.85
ResNet101[94]	73.77	65.13	28.34	62.24	21.02	50.10
ResNet101+CHR	80.86	73.85	52.41	9.30	40.34	51.35
Inception-v3[95]	79.94	75.38	59.36	59.58	40.34	62.92
Inception-v3+CHR	78.70	74.36	52.41	59.96	52.27	63.54
DenseNet[96]	74.38	71.28	59.89	71.54	35.23	62.46
DenseNet+CHR	79.01	76.92	59.36	72.49	40.34	65.62

表 5.6　SIXray100 数据集的定位性能　　　　　　（单位：%）

方法	枪	刀	扳手	钳子	剪刀	平均
ResNet34[94]	50.62	55.38	26.74	34.54	7.95	35.05
ResNet34+CHR	60.19	63.08	35.83	53.70	0.00	42.56
ResNet50[94]	47.53	52.82	28.34	39.85	1.70	34.05
ResNet50+CHR	57.72	49.23	41.18	49.91	15.34	42.67
ResNet101[94]	73.15	64.10	25.13	31.50	11.36	41.05
ResNet101+CHR	79.32	69.23	27.81	48.39	6.25	46.20
Inception-v3[95]	64.81	65.64	40.11	32.83	26.14	45.91
Inception-v3+CHR	67.59	63.08	23.53	54.27	39.20	49.53
DenseNet[96]	71.60	62.05	24.60	55.60	9.66	44.70
DenseNet+CHR	78.40	62.56	41.71	63.76	5.11	50.31

表 5.7　SIXray1000 数据集的定位性能　　　　　　　（单位：%）

方法	枪	刀	扳手	钳子	剪刀	平均
ResNet34[94]	53.93	38.97	22.46	13.69	6.82	27.17
ResNet34+CHR	70.41	26.15	37.97	25.10	2.27	32.38
ResNet50[94]	42.32	48.72	19.79	19.77	2.84	26.69
ResNet50+CHR	60.67	37.44	22.46	20.91	13.64	31.02
ResNet101[94]	70.41	60.00	15.51	14.07	5.68	33.13
ResNet101+CHR	79.03	61.54	21.93	17.11	19.32	39.78
Inception-v3[95]	71.16	52.31	7.49	18.63	1.70	30.26
Inception-v3+CHR	73.41	41.54	23.53	7.60	11.36	31.49
DenseNet[96]	58.05	56.92	26.20	20.53	11.36	34.61
DenseNet+CHR	76.78	57.95	39.04	39.92	5.68	43.87

5.3.4　模型验证实验

在 SIXray 数据集上对各个模块进行分析,首先对于分层细化的网络结构，自顶向下的连接(ResNet34 + HR)在 SIXray100 数据集上比 ResNet34 + H 分类和定位精度分别高 1%和 6.52%，在 SIXray1000 数据集上分别提升 3.15%和 2.13%。主要原因是，后者提供的更多的是低维特征信息。此外，本节分析了不同损失函数的影响，CHR 在 SIXray 数据集上的分类和定位性能如表 5.8 所示。ResNet34 + CH 表示添加了类别均衡损失函数，在 SIXray100 数据集上分类和定位精度分别提升 1.00%和 3.77%，在 SIXray1000 数据集上分类和定位精度分别提升 3.10%和 3.44%。通过将分层细化的网络结果与类平衡损失函数结合(ResNet34+CHR),分类和定位精度在 SIXray100 数据集上比基网模型 ResNet34 分别提升 2.37%和 7.51%，在 SIXray1000 数据集上比基网模型 ResNet34 分别提升 5.48%和 5.11%。性能的提升只需要较少的额外计算量。ResNet34 需要 7.68ms 处理一张测试图像，而 ResNet34-CHR 需要 8.28ms。测试环境均在 Tesla V100，GPU 仅需要 7.81%的额外的计算时间开销。

表 5.8　CHR 在 SIXray 数据集上的分类和定位性能　　　　　（单位：%）

方法	SIXray10		SIXray100		SIXray1000	
	分类性能	定位性能	分类性能	定位性能	分类性能	定位性能
ResNet34	74.83	51.45	52.74	35.05	33.26	27.17
ResNet34+H	74.43	49.91	53.59	38.70	34.78	28.68
ResNet34+CH	76.28	48.01	54.59	42.47	37.87	32.12
ResNet34+HR	75.87	50.19	53.72	41.57	36.41	29.30
ResNet34+CHR	77.20	52.23	55.11	42.56	38.74	32.28

5.4　本 章 小 结

本章提出类平衡分层激活网络，通过增加深层特征对中间层特征的监督，使中间层特征得到更精细的视觉线索，并且能够过滤掉一些不相关的信息。除此之外，本章还设计了类别均衡的损失函数，通过减少反例样本的数量，尽量使正例和反例的数量达到平衡，并且该损失函数依赖分层的网络结构，使深层侧输出的损失函数对浅层侧输出的损失函数有指导作用。在 SIXray 数据集的三个子集上，将本书方法与多种方法进行对比实验，发现本章提出的类平衡分层激活网络性能有显著提升。除此之外，在自然场景数据集上，本书方法也表现出较好的性能。

本章的研究面向实际应用场景，通过集成弱监督目标检测算法，进一步加入处理类别不平衡的策略，实现弱监督目标检测在实际场景中的应用。

第6章 总结与展望

6.1 总   结

本书围绕弱监督目标检测问题，从建模、优化和实际应用多个方面进行研究，并提出系统的方法和算法框架。

(1) 提出一种有效的最小熵隐变量模型，用于弱监督目标检测。算法在训练阶段的定位随机性得到降低，因此能够更稳定地学习目标特征，提升目标定位的准确性。最小熵隐变量模型的贡献总结如下。

① 采用深度神经网络，结合最小熵隐变量模型以便更有效地挖掘目标候选框，并且最小化学习过程中的定位随机性。

② 采用一个候选框团更好地搜集目标的信息，并激活完整的目标区域，从而更准确地检测到目标。

③ 用一个循环学习算法分别将图像分类和目标检测看作一个预测和校正，并利用连续优化的方法解决非凸优化问题。

④ 在几个常用的公开数据集上取得当前最好的分类、定位和检测性能。

(2) 提出一种有效的弱监督学习优化方法，即渐进多示例学习。渐进多示例学习致力于解决传统多示例学习方法的非凸优化问题。该方法通过引入一个序列的平滑损失函数，在训练过程中以一个容易求解的凸损失函数为起点，逐渐优化该序列中的平滑损失函数，直至损失函数退化为原损失函数。该平滑过程通过引入示例子集的方式完成。渐进多示例学习可以显著提升弱监督目标检测和弱监督目标定位的性能，并优于已提出的具有代表性的方法。将渐进优化模型和深度网络相结合时，模型在训练过程中通过搜集目标或者目标部件的方式激活目标的完整区域，最终学习到语义稳定极值区域。本书提出的面向弱监督学习的优化方法拓展了相关计算视觉问题的研究思路。

(3) 提出类平衡分层激活网络，通过增加深层特征对中间层特征的监督，使中间层特征能够得到更精细的视觉线索，并且能够过滤掉一些不相关的信息。同时，设计了类别均衡的损失函数，通过减少反例样本的数量，尽量使正例和反例的数量达到平衡。该损失函数依赖分层的网络结构，使深层侧输出的损失函数对浅层侧输出的损失函数有指导作用。在所发布的来源于实际安全检测场景的 SIXray 数据集上，验证了渐进优化方法与类别均衡化的分层细化模型的实际应用价值。

6.2　展　　望

弱监督视觉目标检测不但具有显著的科学意义，而且具有明确的社会经济价值。但是，现有弱监督视觉目标检测算法和全监督视觉目标检测算法在性能上还有较大的差距，阻碍了其在计算机视觉实际任务中的应用。未来可以从本质上解决传统弱监督目标检测的固有问题，在性能上减少与全监督学习模型的距离。具有潜力的研究方向列举如下。

1. 弱监督语义稳定极值区域学习

语义稳定极值区域学习和目标检测算法利用目标区域和背景区域的语义分布特性，作为新的目标定位的判断依据。该方法将弱监督视觉目标检测的问题转换为语义稳定极值区域的搜索问题，可以为弱监督视觉目标检测提供全新的解决思路和方法论。

2. 无候选框弱监督视觉目标检测算法

无候选框弱监督视觉目标检测算法是单阶段弱监督目标检测算法。该方法不但能解决传统弱监督算法对候选框算法的依赖，而且能降低检测效率，还能保证候选框的查全率，减少模型学习过程中噪声样本的影响。该模型可以为弱监督目标检测算法提供全新的框架，对弱监督算法的实际应用有非常重要的意义。

3. 弱监督主动学习视觉目标检测

结合主动学习视觉目标检测是将弱监督算法推向实际应用的重要步骤。主动学习的研究关注点在于以最小的人工标注量，达到使用所有标注量的相似性能。该问题通过少量的人机交互，结合模型的训练策略，提升了目标检测性能。然而，在传统的主动学习算法中，用户反馈的标注信息均为全监督的格式，这对用户有较高的要求。相比于全监督框架下的主动学习算法，弱监督的主动学习框架可以极大地降低用户的标注门槛，减少用户标注的工作量，同时极大地降低不精确标注的歧义。在面对海量网络数据时，该算法具有显著的优势。

参 考 文 献

[1] 袁国武. 智能视频监控中的运动目标检测和跟踪算法研究[D]. 昆明: 云南大学, 2012.

[2] Aggarwal J K, Ryoo M S. Human activity analysis: A review[J]. ACM Computing Surveys, 2011, 43(3): 1-43.

[3] Datta R, Joshi D, Li J, et al. Image retrieval: Ideas, influences, and trends of the new age[J]. ACM Computing Surveys, 2008, 40(2): 1-6.

[4] Volker K, Danica K, Aleš U, et al. The meaning of action: A review on action recognition and mapping[J]. Advanced Robotics, 2007, 21(13): 1473-1501.

[5] Maria P, Andrea T. From 3-D sonar images to augmented reality models for objects buried on the seafloor[J]. IEEE Transactions on Instrumentation and Measurement, 2008, 57(4): 820-828.

[6] Wang B. 目标检测简要综述[EB/OL]. http://imbinwang.github.io/blog/object-detection-review [2020-06-23].

[7] Zhang D, Meng D, Zhao L, et al. Bridging saliency detection to weakly supervised object detection based on self-paced curriculum learning[C]//International Joint Conference on Artificial Intelligence, 2016:3538-3544.

[8] Huang K, Ren W, Tao D, et al. On combining multiple instance linear SVM and bag splitting for high performance visual object localization[J]. IEEE Transactions on Pattern Analysis and Machine Intelligence, 2015, 38(2): 1.

[9] 黄凯奇, 任伟强, 谭铁牛. 图像物体分类与检测算法综述[J].计算机学报, 2014, 37(6): 1225-1240.

[10] 蔡强, 刘亚奇, 曹健, 等. 图像目标类别检测综述[J]. 计算机科学与探索, 2015, 9(3): 257-265.

[11] Szegedy C, Toshev A, Erhan D. Deep neural networks for object detection[C]//Advances in Neural Information Processing Systems, 2013: 2553-2561.

[12] Dalal N, Triggs B. Histograms of oriented gradients for human detection[C]//IEEE Conference on Computer Vision and Pattern Recognition, 2005: 886-893.

[13] Zhu X, Goldberg A B. Introduction to semi-supervised learning[J]. Synthesis Lectures on Artificial Intelligence and Machine Learning, 2009, 3(1):1-130.

[14] Andrews S, Tsochantaridis I, Hofmann T. Support vector machines for multiple-instance learning[C]//Advances in Neural Information Processing Systems, 2002: 561-568.

[15] Cinbis R G, Verbeek J, Schmid C. Multi-fold MIL training for weakly supervised object localization[C]//IEEE Conference on Computer Vision and Pattern Recognition, 2014: 2409-2416.

[16] Bilen H, Pedersoli M, Tuytelaars T. Weakly supervised object detection with posterior regularization[C]//British Machine Vision Conference, 2014: 1997-2005.

[17] Bilen H, Pedersoli M, Tuytelaars T. Weakly supervised object detection with convex clustering[C]//IEEE Conference on Computer Vision and Pattern Recognition, 2015: 1081-1089.

[18] Liang X, Liu S, Wei Y, et al. Towards computational baby learning: A weakly-supervised approach for object detection[C]//IEEE International Conference on Computer Vision, 2015: 999-1007.

[19] Ren W, Huang K, Tao D, et al. Weakly supervised large scale object localization with multiple instance learning and bag splitting[J]. IEEE Transactions on Pattern Analysis and Machine Intelligence, 2016, 38(2): 405-416.

[20] Uijlings J, Sande K, Gevers T, et al. Selective search for object recognition[J]. International Journal of Computer Vision, 2013, 104(2): 154-171.

[21] Cheng M M, Zhang Z, Lin W Y, et al. Bing: Binarized normed gradients for objectness estimation at 300fps[C]//IEEE Conference on Computer Vision and Pattern Recognition, 2014: 3286-3293.

[22] Arbelaez P, Pont T J, Barron J, et al. Multiscale combinatorial grouping[C]//IEEE Conference on Computer Vision and Pattern Recognition, 2014: 328-335.

[23] Rantalankila P, Kannala J, Rahtu E. Generating object segmentation proposals using global and local search[C]//IEEE Conference on Computer Vision and Pattern Recognition, 2014: 2417-2424.

[24] Zitnick C L, Dollár P. Edge boxes: Locating object proposals from edges[C]//European Conference on Computer Vision, 2014: 391-405.

[25] Matas J, Chum O, Urban M, et al. Robust wide-baseline stereo from maximally stable extremal regions[J]. Image and Vision Computing, 2004, 22(10): 761-767.

[26] Viola P, Jones M. Rapid object detection using a boosted cascade of simple features[C]//IEEE Conference on Computer Vision and Pattern Recognition, 2001: 511-518.

[27] Ojala T, Pietikäinen M, Harwood D. A comparative study of texture measures with classification based on featured distributions[J]. Pattern Recognition, 1996, 29(1): 51-59.

[28] Wang X, Han T X, Yan S. An HOG-LBP human detector with partial occlusion handling[C]// IEEE International Conference on Computer Vision, 2009: 32-39.

[29] Lowe D G. Object recognition from local scale-invariant features[C]//IEEE International Conference on Computer Vision, Vancouver, 1991: 1150-1157.

[30] Hinton G. A practical guide to training restricted boltzmann machines[J]. Momentum, 2010, 9(1): 926.

[31] Krizhevsky A, Sutskever I, Hinton G E. Imagenet classification with deep convolutional neural networks[C]//Advances in Neural Information Processing Systems, 2012: 1097-1105.

[32] Donahue J, Jia Y, Vinyals O, et al. Decaf: A deep convolutional activation feature for generic visual recognition[C]//IEEE Conference on Computer Vision and Pattern Recognition, 2013: 647-655.

[33] Schapire R E, Singer Y. Improved boosting algorithms using confidence-rated predictions[J]. Machine Learning, 1999, 37(3): 297-336.

[34] Cortes C, Vapnik V. Support vector machine[J]. Machine Learning, 1995, 20(3): 273-297.

[35] Girshick R. Fast R-CNN[C]//IEEE International Conference on Computer Vision, 2015: 1440-1448.

[36] Ren S, He K, Girshick R, et al. Faster R-CNN: Towards real-time object detection with region proposal networks[C]//Advances in Neural Information Processing Systems, 2015: 91-99.

[37] Hyun O, Ross G, Stefanie J, et al. On learning to localize objects with minimal supervision[C]// International Conference on Machine Learning, 2014: 1611-1619.

[38] Cinbis R G, Verbeek J J, Schmid C. Weakly supervised object localization with multi-fold multiple instance learning[C]//IEEE Conference on Computer Vision and Pattern Recognition, 2014: 2409-2416.

[39] 盛怿寒. 基于多示例学习的弱监督遥感图像车辆检测[D]. 厦门: 厦门大学, 2018.

[40] 徐小程. 基于弱监督的图像区域自动标注算法研究[D]. 济南: 山东大学, 2016.

[41] Wang C, Ren W, Huang K, et al. Weakly supervised object localization with latent category learning[C]//European Conference on Computer Vision, 2014: 431-445.

[42] 程圣军. 基于带约束随机游走图模型的弱监督学习算法研究[D]. 哈尔滨: 哈尔滨工业大学, 2014.

[43] Wang L, Hua G, Sukthankar R, et al. Video object discovery and co-segmentation with extremely weak supervision[C]//European Conference on Computer Vision, 2014: 640-655.

[44] 赵永威, 李弼程, 柯圣财. 基于弱监督 E2LSH 和显著图加权的目标分类方法[J]. 电子信息学报, 2016, 38(1): 38-46.

[45] 岳亚伟. 基于弱监督空间金字塔模型的图像分类研究[D]. 济南: 山东大学, 2013.

[46] 陈燕, 耿国华, 贾晖. 基于密度中心图的弱监督分类方法[J]. 计算机工程与应用, 2015, 51(6): 6-10.

[47] Li Y, Zhou Z. Towards making unlabeled data never hurt[J]. IEEE Transactions on Pattern Analysis and Machine Intelligence, 2015, 37(1): 175-188.

[48] 杨杰, 孙亚东, 张良俊, 等. 基于弱监督学习的去噪受限玻尔兹曼机特征提取算法[J].电子学报, 2014, 12(2): 22-34.

[49] Wang C, Ren W, Huang K, et al. Maybank: Large-scale weakly supervised object localization via latent category learning[J]. IEEE Transactions on Image Processing, 2015, 24(4): 1371-1385.

[50] Song H O, Lee Y J, Jegelka S, et al. Weakly-supervised discovery of visual pattern configurations[J]. Advances in Neural Information Processing Systems, 2014, 2: 1637-1645.

[51] Everingham M, van Gool L, Williams C. The pascal visual object classes (VOC) challenge[J]. International Journal of Computer Vision, 2010, 88(2): 303-338.

[52] Krähenbühl P, Koltun V. Learning to propose objects[C]//IEEE Conference on Computer Vision and Pattern Recognition, 2015: 1574-1582.

[53] Hubel D H, Wiesel T N. Receptive fields, binocular interaction and functional architecture in the cat's visual cortex [J]. The Journal of Physiology, 1962, 160(1): 106-154.

[54] Sivic J, Zisserman A. Efficient visual search of videos cast as text retrieval[J]. IEEE Transactions on Pattern Analysis and Machine Intelligence, 2009, 31(4): 591-606.

[55] Perronnin F, Dance C. Fisher kernels on visual vocabularies for image categorization[C]//IEEE Conference on Computer Vision and Pattern Recognition, 2007: 1-8.

[56] Perronnin F, Sánchez J, Mensink T. Improving the fisher kernel for large-scale image classification[C]//European Conference on Computer Vision, 2010: 143-156.

[57] Bilen H, Vedaldi A. Weakly supervised deep detection networks[C]//IEEE Conference on Computer Vision and Pattern Recognition, 2016: 2846-2854.

[58] Diba A, Sharma V, Pazandeh A, et al. Weakly supervised cascaded convolutional networks[C]//IEEE Conference on Computer Vision and Pattern Recognition, 2017: 914-922.

[59] Li D, Huang J B, Li Y, et al. Weakly supervised object localization with progressive domain adaptation[C]//IEEE Conference on Computer Vision and Pattern Recognition, 2016: 3512-3520.

[60] Gao M, Li A, Yu R, et al. C-WSL: Count-guided weakly supervised localization[C]//European Conference on Computer Vision, 2018: 152-168.

[61] Jie Z, Wei Y, Jin X, et al. Deep self-taught learning for weakly supervised object localization[C]//IEEE Conference on Computer Vision and Pattern Recognition, 2017: 1377-1385.

[62] Kantorov V, Oquab M, Cho M, et al. Contextlocnet: Context-aware deep network models for weakly supervised localization[C]//European Conference on Computer Vision, 2016: 350-365.

[63] Tang P, Wang X, Bai X, et al. Multiple instance detection network with online instance classifier refinement[C]//IEEE Conference on Computer Vision and Pattern Recognition, 2017: 2843-2851.

[64] Tang P, Wang X, Wang A, et al. Weakly supervised region proposal network and object detection[C]//European Conference on Computer Vision, 2018: 352-368.

[65] Wan F, Wei P, Jiao J, et al. Min-entropy latent model for weakly supervised object detection[C]//IEEE Conference on Computer Vision and Pattern Recognition, 2018: 1297-1306.

[66] Wei Y, Shen Z, Cheng B, et al. TS^{2}C: Tight box mining with surrounding segmentation context for weakly supervised object detection[C]//European Conference on Computer Vision, 2018: 434-450.

[67] Ye Q, Zhang T, Ke W, et al. Self-learning scene-specific pedestrian detectors using a progressive latent model[C]//IEEE Conference on Computer Vision and Pattern Recognition, 2017: 509-518.

[68] Zhang Y, Bai Y, Ding M, et al. W2F: A weakly-supervised to fully-supervised framework for object detection[C]//IEEE Conference on Computer Vision and Pattern Recognition, 2018: 928-936.

[69] Vincent P, Larochelle H, Bengio Y, et al. Extracting and composing robust features with denoising autoencoders[C]//International Conference on Machine Learning, 2008: 1096-1103.

[70] Hinton G E, Salakhutdinov R R. Reducing the dimensionality of data with neural networks[J]. Science, 2006, 313(5786): 504-507.

[71] Bengio Y, Lamblin P, Popovici D, et al. Greedy layer-wise training of deep networks[C]//Advances in Neural Information Processing Systems, 2006: 153-160.

[72] Le Q V. Building high-level features using large scale unsupervised learning[C]//IEEE International Conference on Acoustics, Speech and Signal Processing, 2013: 8595-8598.

[73] Goodfellow I J, Pouget-Abadie J, Mirza M, et al. Generative adversarial nets[C]//Advances in Neural Information Processing Systems, 2014: 2672-2680.

[74] Kingma D P, Welling M. Auto-encoding variational bayes[EB/OL]. https://arxiv.org/abs/1312.6114 [2022-02-10].

[75] Doersch C, Gupta A, Efros A A. Unsupervised visual representation learning by context prediction[C]//IEEE International Conference on Computer Vision, 2015: 1422-1430.

[76] Zhang R, Isola P, Efros A A. Colorful image colorization[C]//European Conference on Computer Vision, 2016: 649-666.

[77] Zhang R, Isola P, Efros A A. Split-brain autoencoders: Unsupervised learning by cross-channel prediction[C]//IEEE Conference on Computer Vision and Pattern Recognition, 2017: 1058-1067.

[78] Laptev D, Savinov N, Buhmann J M, et al. Ti-pooling: Transformation-invariant pooling for feature learning in convolutional neural networks[C]//IEEE Conference on Computer Vision and Pattern Recognition, 2016: 289-297.

[79] Bruna J, Mallat S. Invariant scattering convolution networks[J]. IEEE Transactions on Pattern Analysis and Machine Intelligence, 2013, 35(8): 1872-1886.

[80] Jaderberg M, Simonyan K, Zisserman A. Spatial transformer networks[C]//Advances in Neural Information Processing Systems, 2015: 2017-2025.

[81] Viola P, Jones M J, Snow D. Detecting pedestrians using patterns of motion and appearance[J]. International Journal of Computer Vision, 2005, 63(2): 153-161.

[82] Felzenszwalb P F, Girshick R B, McAllester D, et al. Object detection with discriminatively trained part-based models[J]. IEEE Transactions on Pattern Analysis and Machine Intelligence, 2009, 32(9): 1627-1645.

[83] Girshick R, Donahue J, Darrell T, et al. Rich feature hierarchies for accurate object detection and semantic segmentation[C]//IEEE Conference on Computer Vision and Pattern Recognition, 2014: 580-587.

[84] Shih K H, Chiu C T, Lin J A, et al. Real-time object detection with reduced region proposal network via multi-feature concatenation[J]. IEEE Transactions on Neural Networks and Learning Systems, 2019, 31(6):2164-2173.

[85] Wang X, Han T X, Yan S. An HOG-LBP human detector with partial occlusion handling[C]// IEEE International Conference on Computer Vision, 2009: 32-39.

[86] Tian Y, Luo P, Wang X, et al. Deep learning strong parts for pedestrian detection[C]//IEEE International Conference on Computer Vision, 2015: 1904-1912.

[87] Vezhnevets A, Ferrari V, Buhmann J M. Weakly supervised semantic segmentation with a multi-image model[C]//IEEE International Conference on Computer Vision, 2011: 643-650.

[88] Wei Y, Liang X, Chen Y, et al. STC: A simple to complex framework for weakly-supervised semantic segmentation[J]. IEEE Transactions on Pattern Analysis and Machine Intelligence, 2017, 39(11): 2314-2320.

[89] Papandreou G, Chen L C, Murphy K P, et al. Weakly-and semi-supervised learning of a deep convolutional network for semantic image segmentation[C]//IEEE International Conference on Computer Vision, 2015: 1742-1750.

[90] Khoreva A, Benenson R, Hosang J H, et al. Simple does it: Weakly supervised instance and semantic segmentation[C]//IEEE Conference on Computer Vision and Pattern Recognition, 2017: 876-885.

[91] Huang Z, Wang X, Wang J, et al. Weakly-supervised semantic segmentation network with deep seeded region growing[C]//IEEE Conference on Computer Vision and Pattern Recognition, 2018: 7014-7023.

[92] Zhou Y, Zhu Y, Ye Q, et al. Weakly supervised instance segmentation using class peak response[C]//IEEE Conference on Computer Vision and Pattern Recognition, 2018: 3791-3800.

[93] Felzenszwalb P, Girshick R, Mcallester D, et al. Object detection with discriminatively trained part-based models[J]. IEEE Transactions on Pattern Analysis and Machine Intelligence, 2010, 32(9), 1627-1645.

[94] He K, Zhang X, Ren S, et al. Deep residual learning for image recognition[C]//IEEE Conference on Computer Vision and Pattern Recognition, 2016: 770-778.

[95] Chollet F. Xception: Deep learning with depthwise separable convolutions[C]//IEEE Conference on Computer Vision and Pattern Recognition, 2017: 1251-1258.

[96] Huang G, Liu Z, van Der Maaten L, et al. Densely connected convolutional networks[C]//IEEE Conference on Computer Vision and Pattern Recognition, 2017: 4700-4708.